漫画基础医学

读懂微生物学

[日]杉田隆 著
孟华川 高春 刘乃刚 译

酵母

中国轻工业出版社

图书在版编目（CIP）数据

读懂微生物学 /（日）杉田隆著；孟华川，高春，刘乃刚译. —北京：中国轻工业出版社，2024.7

（漫画基础医学）

ISBN 978-7-5184-2825-0

Ⅰ.①读… Ⅱ.①杉… ②孟… ③高… ④刘… Ⅲ.①微生物学－普及读物 Ⅳ.①Q93-49

中国版本图书馆CIP数据核字（2019）第264714号

责任编辑：付　佳　　责任终审：张乃柬　　设计制作：锋尚设计

策划编辑：翟　燕　　责任校对：晋　洁　　责任监印：张京华

出版发行：中国轻工业出版社（北京鲁谷东街5号，邮编：100040）

印　　刷：艺堂印刷（天津）有限公司

经　　销：各地新华书店

版　　次：2024年7月第1版第3次印刷

开　　本：710×1000　1/16　印张：11.5

字　　数：200千字

书　　号：ISBN 978-7-5184-2825-0　定价：58.00元

邮购电话：010-85119873

发行电话：010-85119832　010-85119912

网　　址：http://www.chlip.com.cn

Email：club@chlip.com.cn

241151S2C103ZYQ

序言

大约在138亿年前，宇宙发生了大爆炸，在46亿年前诞生了地球。据推测，原始生命体在3亿～4亿年前诞生。随后，生物体向三个方向进化：真细菌、古细菌和真核生物（微生物中的真菌）。古细菌能够适应高温和强酸等恶劣环境，但是许多真细菌和真菌因为无法适应这种恶劣环境，所以只能找到与每个物种相对应的自然环境而得以生存至今。

人类虽然在几十万年前才诞生，但是微生物也在人类这里找到了新家。它们存在于人的肠道、皮肤或黏膜中，并选择了共生的生活方式。后来一些微生物更向着不共生便无法生存的方向进化。成功共生的微生物通过利用宿主的能量供应而具备了最小的生存能力。而一些不喜欢与人类和平共生并攻击人体的微生物，以及产生毒素并试图控制人类的微生物也诞生了。针对这种攻击，人类可以使用疫苗和抗菌药物。

当下，虽然科学和医学已经如此进步，传染病仍是全球范围内第一大死亡原因。即使新的抗生素诞生了，对它产生抗药性的新病原体也将诞生。森林砍伐会导致人类突然遇到新的病原体。由于交通运输的发展，仅在特定地区存在的传染病可能会在世界范围内传播。传染病的多样化不仅会受到病原体生物进化的影响，还会受到环境和社会背景的影响。无论什么样的传染病，都是因为这种被称为微生物的生物体导致的。研究这门基础知识的学科被称为微生物学。

在这本书中，对于刚接触微生物学或想要再次对其进行复习的人，我们从什么是微生物开始，然后按照微生物的细胞结构、传染病的各种观点和抗生素的顺序进行编纂。特别是每个项目各分配一半空间给插图和表格。我们相信，这样更能容易理解这种复杂的机制。

在我的讲义中，一些学生抱怨很难记住细菌的名字。随着年龄的增长，我自己也不容易记住每一个人的名字，但是一旦听到细菌的名字，就很容易记住它。这是因为我对细菌名称的由来很感兴趣。在本书中，只要版面空间允许，我就会对微生物的学名由来进行标注。当您听到微生物的名称时，想象一下它是如何被命名的也是一件有趣的事。这也是我为了更多人能够喜欢微生物学而做的一点努力。

当我第一次收到寺宝公司鹿野章先生出版这本书的计划时，感到非常高兴。没有什么其他书籍可以如此轻松地使用插图了。我为通过这本书可以增加更多喜欢微生物的人而内心窃喜。本书将我心底的想法全部付诸纸上了。

本书能够付梓，有赖于多方的帮助。维康公司的岛田荣次先生和负责插图工作的土田菜摘先生慷慨地接受了我的很多要求。研究室的同侪们也收到了读者的很多宝贵意见。在此，我要衷心感谢能给我这次执笔机会的寺宝公司鹿野章先生，以及经常给我许多建议的南友美子女士。

杉田　隆

2014年7月

目录 CONTENTS

PA
T
Tm
E

Introduction

欢迎来到微生物课

去年入学的小明（药学院）和小香（生命科学学院）是高中同学。

期末考试结束后的一天，两人在人影稀疏的校园内偶遇。

嗨，小明，你怎么了？

嗨，小香，你来做什么吗？

嗯，我正好过来……

——互相有些难为情的两个人继续朝着同一方向走去。

小明，你要去哪里？

嗯……高杉教授的实验室。

哈哈哈哈……

怎么了！？

我也是！我也是！

难道说，是去高杉教授微生物课的补修课？

是啊，原来你的成绩也不好。

是的，高杉教授告诉我说好好参加补修，就能给我学分。

——两个人一起打开了高杉教授的研究室。

呀～!?

抱歉，我正好在整理开学会用的幻灯片，吓到你们了。

没有，没有。

Ho
啪

现在，知道我把你们叫过来的理由了……问题有点严重（两个人看向幻灯片）。

……

别人都说我的讲义很容易理解，你们考这个分数是不是有点……

是，是的（汗）。

我对这个结果很不满意。今天是不是要从头开始学一下微生物学？

微生物学全日制硕士培训！不，名字太长了，就叫“菌训”吧！

开始
“菌训”！！

第1章

微生物学总论

肉眼看不见的“微小生物”

Chapter 1-1

学习微生物学的意义

肉眼看不见的“微小生物”

微生物分为细菌、真菌（霉菌和酵母菌）和病毒等。以它们为研究对象的就是微生物学。地球上存在多少种微生物呢？虽然各种理论有不同的说法，但至少有数百万的菌种存在。这个数字是目前已知的10多万种细菌的10倍以上。人类在古代就有利用微生物来生活的经验。古人在很久以前就已经掌握酸奶、葡萄酒和面包的发酵技术。通过荷兰人列文虎克发明的显微镜使观察微生物变为可能，并且将生物学迅速推进为研究的对象。微生物是一种微小的生物，这意味着其基因组也很小。所以，我们可以使用微生物转移基因并改变它的性质。噬菌体[※1]和质粒[※2]是当今仍在使用的重要实验材料。也就是说，微生物是创建分子生物学的基础。疫苗的诞生是从研究天花开始的（见92页）。免疫力就是保护人体免受微生物和癌症侵害的系统。因此，免疫学也是从微生物学开始的。

特别是在医学领域，知道如何抵抗病原微生物也是学习微生物学的意义。因此，首先，你必须了解病原体本身的性质。细菌、真菌或病毒的生长方式和生存方式也十分不同。HIV在自然环境中不存在，因为它只能在人类细胞中生存。肠炎弧菌偏爱氯化钠，所以生活在海水中。真菌同人类都是真核细胞，因此很难研制仅对真菌有效的药物。知道了这些特征，我们才能同病原体作战。另一方面，病原体也会改变状态并进行反击。它会对抗菌药物产生抗药性。这时，我们就要分析抗药性细菌并解读它的抗药谱，然后再设计出超越它的药物。

除医学领域外，微生物学还与我们的生活息息相关。

是的，它还可以有效地应用于食品和环境领域。

※1 噬菌体：一种感染细菌的病毒（见28页）。
※2 质粒：存在于细胞质中的非染色体DNA分子（见32页）。

File 01

人类与微生物的关系

人类与微生物的渊源可以追溯到公元前6世纪
去吃饭吗?
嗯
去吃啊——
干杯
酵母
葡萄
那时人们已经学会利用酵母菌（微生物的一种）来享受食材的乐趣了
酵母
面粉
在现代，微生物与人类在医疗、食品、环境等方面共存
医疗
药品、抗生素等
食品
酒、味噌、奶酪、面包等
环境 生活
水质净化、染料等

Chapter

1-2 微生物：眼睛看不见的微小生物

通过学习微生物学而结识的小伙伴

肉眼无法看到的微小生物称为微生物。虽然说小动物和昆虫也很小，但不能被称为微生物，因为它们是可见的。微生物包括细菌、真菌（霉菌和酵母菌）和病毒。病毒是非细胞性的，基本上由核酸（DNA或RNA）或蛋白质组成，尽管从狭义上讲它不是微生物，但由于它涉及多种疾病，因此通常被视为微生物。

能用肉眼识别的尺寸为0.1～1毫米。要观察比这个更小的生物就需要用到显微镜。细菌和真菌可以在光学显微镜下观察到，但病毒较小，因此只能在电子显微镜下观察。细胞大小按这个顺序排列，植物细胞＞动物细胞＞真菌＞细菌＞病毒。真菌为2～20微米，细菌大约是真菌的1/10，0.2～3微米。病毒大约是细菌的1/10，20～500纳米大小。

微生物的发现

微生物研究的历史非常悠久。14～15世纪在欧洲流行的天花（痘疮病毒）和黑死病（鼠疫菌），以及在16世纪发现新大陆时流行的梅毒（梅毒螺旋杆菌），都普遍被认为是传染病。当时已经提出了一种理论，说是带传染性的生物能够引起传染病。此时，尚未发现微生物本身的存在。到了17世纪，显微镜被开发出来，荷兰人列文虎克首先观察到了细菌。200年以后，人们发现了病毒。

可以说，显微镜的发明极大地促进了微生物的研究和发展。

File 02

观察微生物

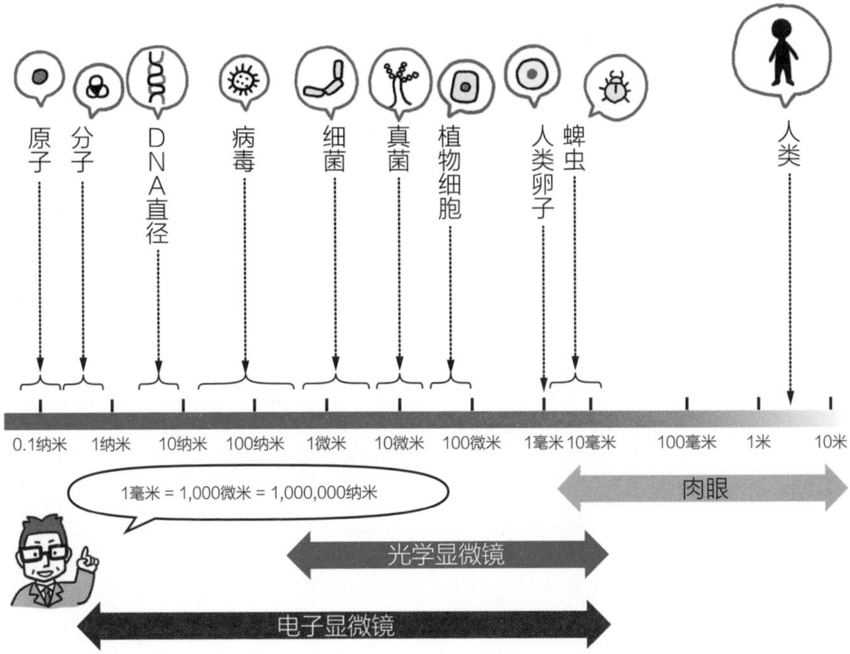

原子
分子
DNA直径
病毒
细菌
真菌
植物细胞
人类卵子
蜱虫
人类
0.1纳米
1纳米
10纳米
100纳米
1微米
10微米
100微米
1毫米
10毫米
100毫米
1米
10米
1毫米 = 1,000微米 = 1,000,000纳米
肉眼
光学显微镜
电子显微镜

什么？病毒……
现在可以看到这样的
东西了么？
病毒
真菌
细菌

荷兰显微镜学家、微生物学的开拓者

列文虎克

Chapter 1-3

历史上伟大的微生物学者

近代细菌学之父

每个领域，每个时代都有彪炳史册的伟大人物。【File03】是最早发现有关微生物现象的人。也就是被称为“OO之父”的人。

德国人罗伯特·科赫（1843—1910）被称为“现代细菌学之父”。科赫在德国哥廷根大学读书期间，深受组织学教授亨勒先生教诲的影响。亨勒认为，传染病是由微生物引起的，并提出了以下的亨勒三原则。

1. 某些传染病能够证明某些微生物的存在。
2. 从病灶中可以分离出微生物。
3. 用分离出的微生物可以在实验中对动物造成同样的感染。

当时，还没有能从标本中纯粹培养微生物的技术，但后来科赫通过实验证明了这一点。并且，在亨勒三原则之上发表了第四项原则，即“从实验感染的动物中可以再次分离出同一微生物”。科赫的主要成就是确立了细菌培养法，并发现了炭疽杆菌、结核分枝杆菌和霍乱弧菌。到现在我们仍然在使用当时使用的琼脂培养基和培养皿（玻璃培养皿）。1905年，他因在结核病方面的成就而获得了诺贝尔生理学或医学奖。在他的门下，出现了许多出色的微生物学家。进行“白喉血清疗法”的埃米尔·阿道夫·冯·贝林（Emil Adolf von Behring）（1854—1917）和进行生物防御研究的保罗·埃利希（Paul Ehrlich）（1854—1915），他们都获得了诺贝尔生理学或医学奖。日本人北里柴三郎（1853—1931）也是科赫门下的学生。他成功地培育了破伤风菌，并从中发现了抗毒素。北里与埃利希一起将其用于白喉的治疗。遗憾的是，诺贝尔奖只授予了埃利希一人。发现志贺菌属的志贺洁出自北里门下。

File 03

罗伯特·科赫的学生们

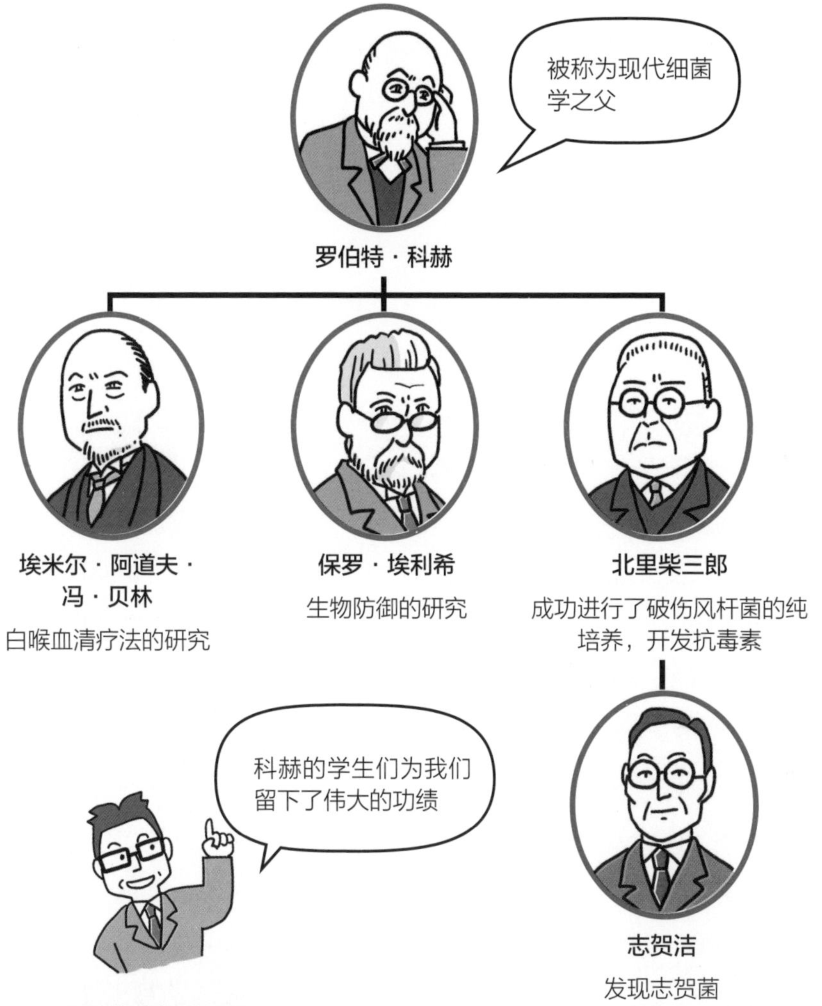
被称为现代细菌学之父
罗伯特·科赫
埃米尔·阿道夫·冯·贝林
白喉血清疗法的研究
保罗·埃利希
生物防御的研究
北里柴三郎
成功进行了破伤风杆菌的纯培养，开发抗毒素
科赫的学生们为我们留下了伟大的功绩
志贺洁
发现志贺菌

安东尼·范·列文虎克 Antonie van Leeuwenhoek	1632—1723	首次使用显微镜观察微生物的微生物学之父
爱德华·詹纳 Edward Jenner	1749—1823	从天花的研究中首次提出疫苗的近代免疫学之父
路易·巴斯德 Louis Pasteur	1822—1895	否定微生物自然产生学说的近代细菌学鼻祖
弗里德里希·古斯塔夫·雅各布·亨勒 Friedrich Gustav Jacob Henle	1809—1885	传染病是由微生物引起的（亨勒三原则）
亚历山大·弗莱明 Alexander Fleming	1881—1955	从青霉菌中发现了抗生素青霉素

专栏

显微镜观察是微生物研究的根本

研究设备的进步离不开科学的进步。无论何种领域，在研究的世界里也有所谓的“时尚”，这与研究设备的进步有很大关系。微生物研究始于“观察细菌”。不管对基因进行多么复杂的分析，如果不观察细菌的话就会变成“只见树木不见森林”。观察细菌的工具就是显微镜。第一个开发高倍显微镜的人是列文虎克。估计当时放大倍数约为300倍，因此可以观察到细菌。根据不同的观察目的，存在各种不同的显微镜，我们通常使用光学显微镜和电子显微镜来观察微生物的形态。两者都需要透镜，主要区别在于前者使用光作为光源，而后者使用电子束。由于电子显微镜比光学显微镜具有更高的分辨率，因此可以观察到更细微的结构。请比较第7章-7（见134页）中描述的引起头皮屑的马拉色菌真菌（Malassezia）在光学显微镜（400倍）和电子显微镜（10,000倍）下的对比照片。分辨率的差异一目了然。此外，电子显微镜具有更深的观察深度，从而可以进行立体观察。

微生物研究的基础是显微镜观察。因此，无论研究设备如何发展，显微镜都不会消失。

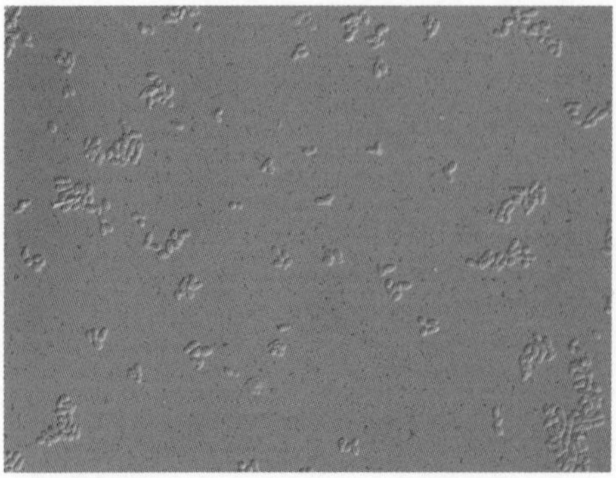

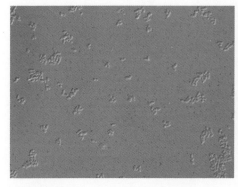

在光学显微镜（400倍）下观察马拉色菌

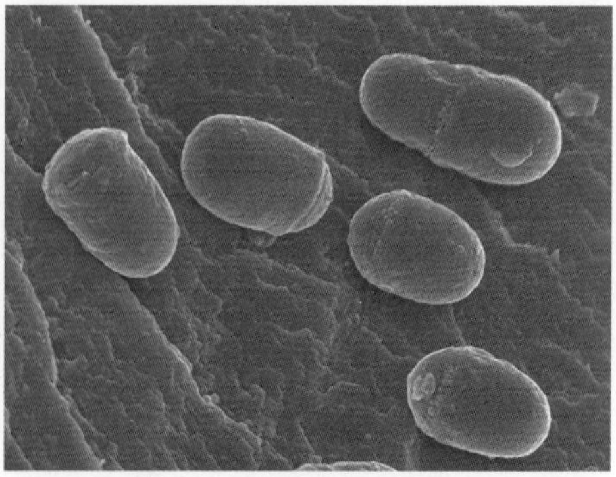

在电子显微镜（10,000倍）下观察马拉色菌

第2章

细菌学总论

细菌的基本构造

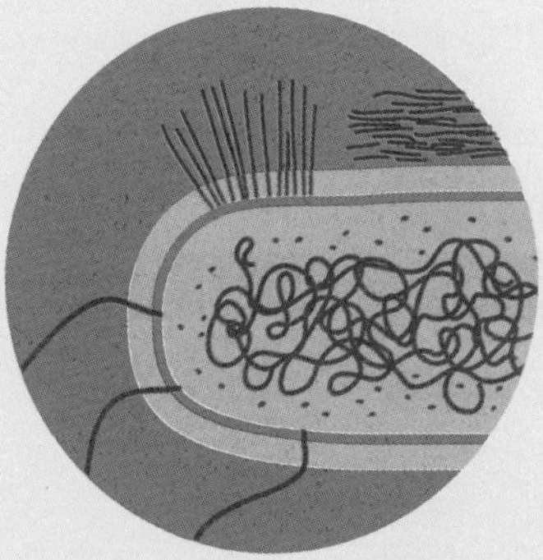

Chapter 2-1

什么是细菌

由细胞构成的最小生物

病毒是比细菌还要小的生物，它们是由核酸和蛋白质构成的，也就是所谓的粒子，因此不能说是细胞。虽然有各种各样的生物分类法，但反映生物进化的分类法是最合理的。生物大致分为三种域（见13页File04）。真核生物种域包含由真核细胞生物组成的动植物。真菌就属于该类微生物。其他两个种域由原核细胞型微生物和非细胞型微生物构成。原核细胞型微生物分为古生菌和细菌两大类。细菌又称为真细菌，包含大肠杆菌、葡萄球菌和乳酸菌等。一般只称细菌时，通常指的是真细菌。即使是原核细胞型微生物中，也有很多喜欢在100℃的高温环境或盐浓度很高（如盐湖）的环境以及强酸或强碱等极端环境中存活的细菌。尽管它们的形状与真细菌相似，但是由于它们的生物学进化不同，所以被称为古生菌。如上所述，病毒不包含在生物进化图中，因为它们不是细胞。

通过对生物进化的分析，细菌被归类为微生物，因此最好将其与真菌的差异进行比较以了解细菌。它们最大的区别是，在属于真核细胞的真菌中，DNA被核膜覆盖，而在作为原核细胞型微生物的真细菌和古生菌中，DNA没有核膜，从而曝露在细胞质中。13页底部总结了细菌和真菌之间的差异。

图　真核细胞型微生物（左）与原核细胞型微生物（右）的模式图

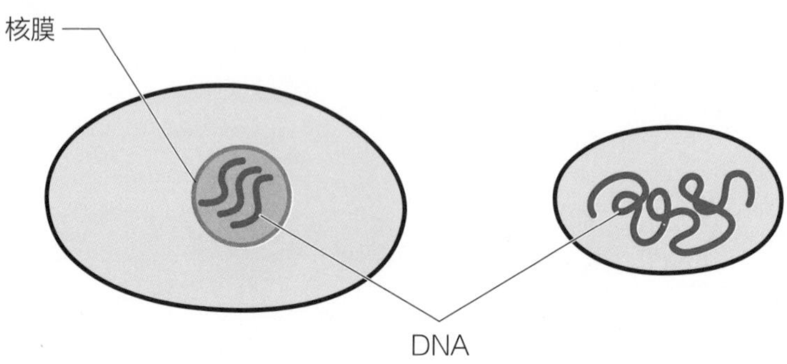
核膜
DNA

File 04 生物进化（3域系统树）

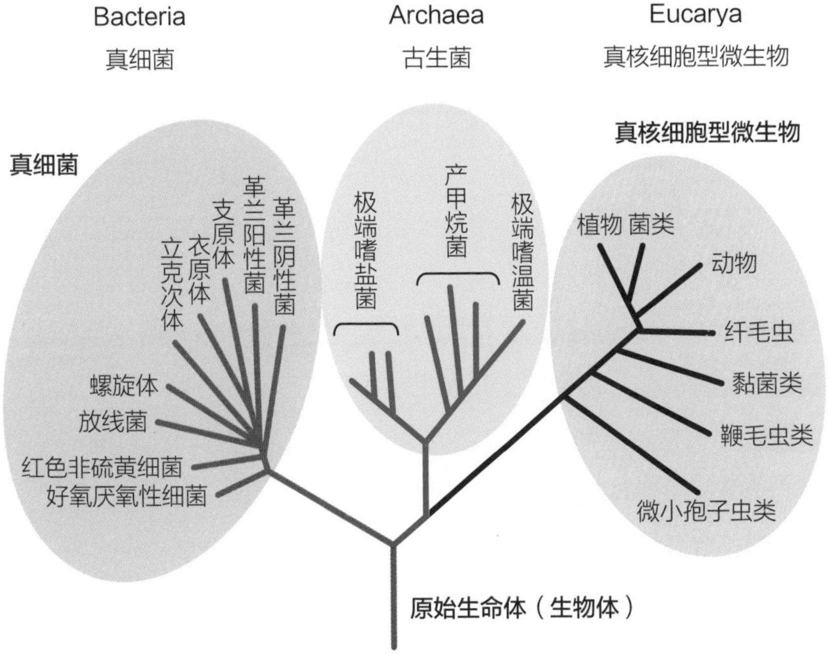

Bacteria
真细菌
Archaea
古生菌
Eucarya
真核细胞型微生物
真细菌
真核细胞型微生物
革兰阴性菌
革兰阳性菌
支原体
衣原体
立克次体
螺旋体
放线菌
红色非硫黄细菌
好氧厌氧性细菌
极端嗜盐菌
产甲烷菌
极端嗜温菌
植物
菌类
动物
纤毛虫
黏菌类
鞭毛虫类
微小孢子虫类
原始生命体（生物体）

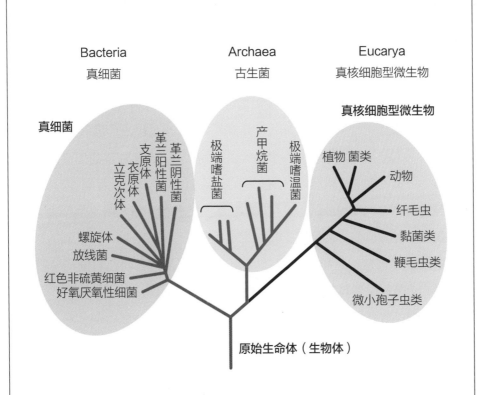

	细菌	真菌
核膜	无	有
有丝分裂	无	有
染色体数	1	复数
线粒体	无	有

Chapter

2-2 原核生物界中细菌的细微构造

细菌的细胞结构很简单

细菌的细胞结构相对简单，没有复杂的结构。它的基本结构中，最外侧的是赋予细胞形状的细胞壁（在人类细胞中未发现），内侧有被细胞膜包围的细胞质。其中有许多核糖体，但没有核膜和线粒体。控制运动的菌毛和鞭毛存在于表层，在菌体的周围存在着由多糖构成的荚膜和产生黏液层的细菌。让我们逐一看一下细菌的细胞结构。

细胞壁：一种坚固的结构，覆盖在细胞的最外侧。革兰阳性菌和革兰阴性菌之间，这种构成化合物差异很大（见16页）。

细胞膜：包裹细胞质的脂质双层结构。这里是进行呼吸和分泌，物质转运，生物合成以及参与细菌分裂的多功能部位。

核糖体：含有大量RNA的蛋白质颗粒，其功能是蛋白质合成的场所。

核质（DNA）：由于细菌是原核细胞，因此不存在核（染色体），所以没有像真核细胞那样的核膜。同真核细胞一样它们也称为染色体DNA。

鞭毛：细菌通过被称为鞭毛的波状弯曲丝状物移动。它由称为鞭毛蛋白的蛋白质组成。

菌毛：其长度比鞭毛短，并且有螺旋内衬的蛋白质分子，称为菌毛蛋白（又称纤丝蛋白）。有两种类型的菌毛，其中一种是交配菌毛（也称为性菌毛），它用于细菌的交配。另一个是附着菌毛。为了成功感染，它必须连接到宿主。附着菌毛起这个作用。

荚膜/黏液层：存在于细胞表面的多糖。有荚膜的细菌可以抵抗感染后吞噬细胞的吞噬。

细菌的基本构造

细菌的微小构造

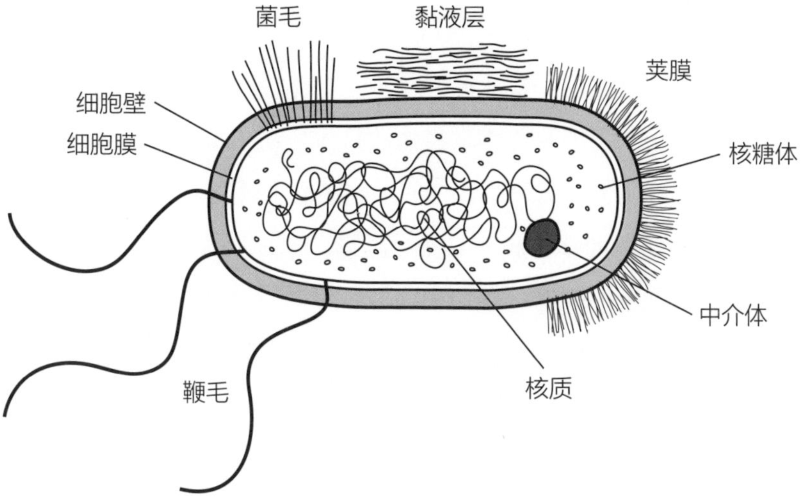
菌毛
黏液层
荚膜
细胞壁
细胞膜
核糖体
中介体
核质
鞭毛

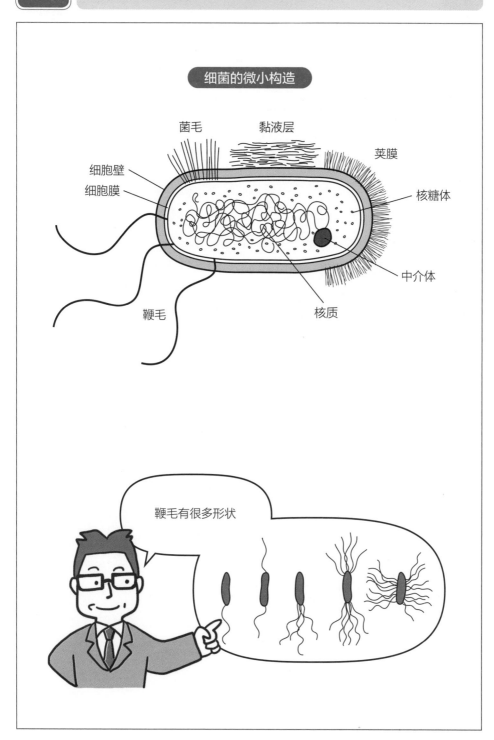

鞭毛有很多形状

Chapter 2-3

分为革兰阳性和阴性的细胞壁

细菌细胞壁的构造

用光学显微镜观察细菌时，需要对其着色以易于观察。革兰染色法（下一节将详细介绍）就是其中一种方法。

细菌和动物细胞之间的最大区别在于是否存在细胞壁。用革兰染色法能否区分细菌，取决于细菌细胞壁化学结构的差异。细胞壁的主要成分是肽聚糖、磷壁酸、脂多糖、脂蛋白和磷脂。这些细胞壁的主要成分总结如下。

肽聚糖： N−乙酰葡糖胺和N−乙酰胞壁酸，经β−1,4糖苷键联结形成聚糖骨架。各种细菌细胞壁的聚糖骨架均相同。肽聚糖是细菌细胞壁的主要组分，革兰阴性菌的肽聚糖由聚糖骨架、四肽侧链和五肽交联桥三部分组成。革兰阴性菌的肽聚糖仅由聚糖骨架和四肽侧链两部分组成。

磷壁酸： 一种含磷的多糖，但其功能目前未知。

脂多糖： 脂多糖位于细菌的最外层，由脂质A、核心多糖和特异性多糖三部分组成。脂质A由β−1,6糖苷键相连的D−氨基葡萄糖双糖组成基本骨架，再由磷酸和脂肪酸结合产生。脂多糖是一种内毒素，会表现出发热和休克，其主要毒性是脂质A。由革兰阴性细菌引起败血症时，大量的脂多糖释放到血液中，可能会导致严重的症状。另外，在注射剂的制造过程中是否混入脂多糖的测试要根据药师法进行。由于特异多糖位于最外层，因此与细菌的表面特异性有关。由于多糖链的差异，它成为种属特异性抗原（O抗原）。

脂蛋白和磷脂： 在革兰阴性细菌中，肽聚糖的外膜除脂多糖外还由脂蛋白和磷脂组成。外膜具有小孔，并参与物质的渗透。

File 06

细菌的细胞壁

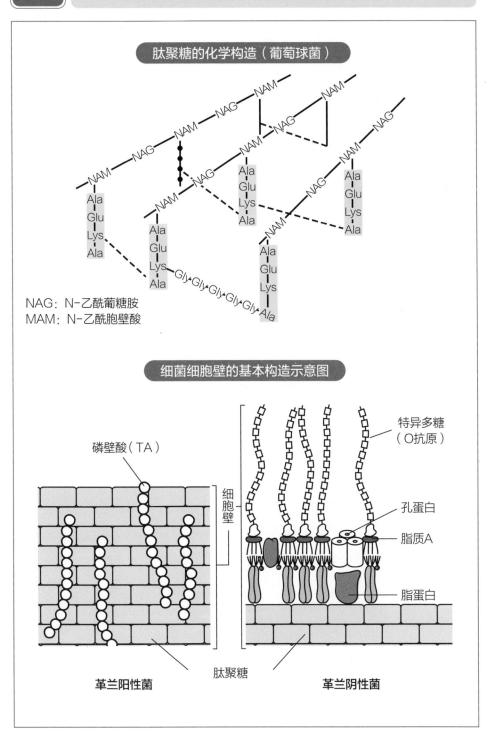

肽聚糖的化学构造（葡萄球菌）

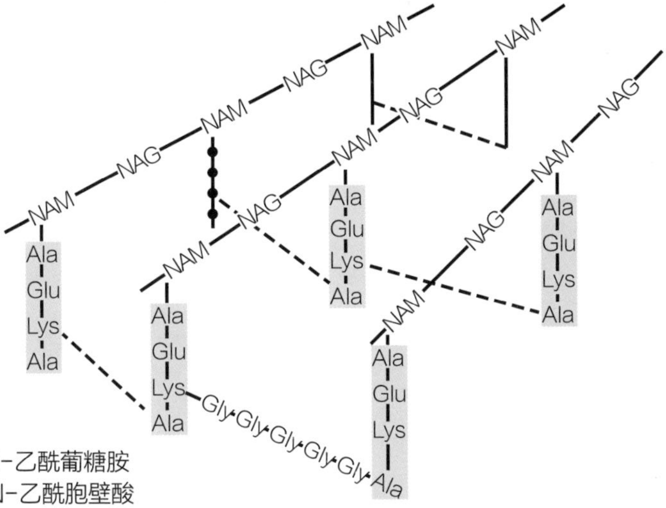

NAM
NAG
Ala
Glu
Lys
Ala
Gly-Gly-Gly-Gly-Gly

NAG：N-乙酰葡糖胺
MAM：N-乙酰胞壁酸

细菌细胞壁的基本构造示意图

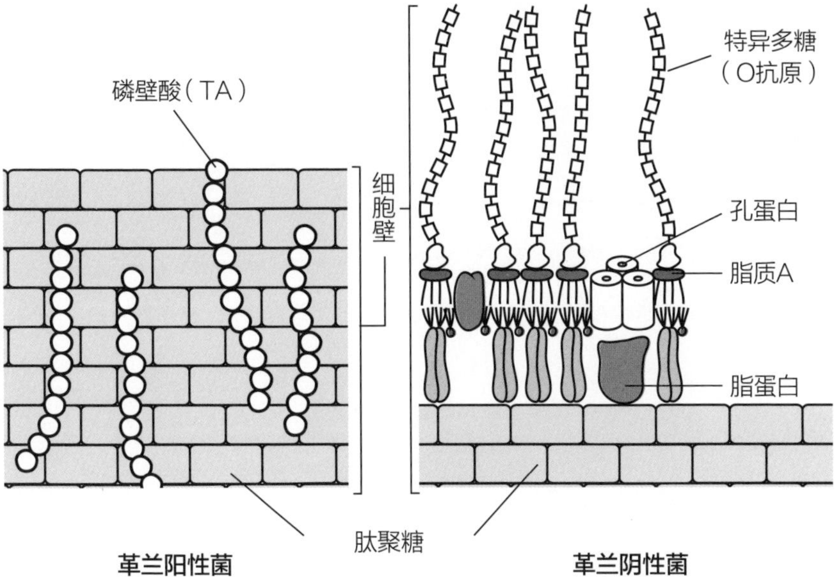

磷壁酸（TA）
细胞壁
特异多糖
（O抗原）
孔蛋白
脂质A
脂蛋白
肽聚糖
革兰阳性菌
革兰阴性菌

Chapter 2-4

通过细胞染色观察其形状

革兰染色程序

由于细菌是单细胞的，因此其形状并不复杂。球形的“球菌”根据菌种的不同呈现出特征的序列。其中，以像锁链相连的链球菌和像葡萄串一样的葡萄球菌为代表。呈杆状或棒状的细菌称为“杆菌”，其中有肺炎杆菌和聚胺杆菌。还有呈现出螺旋状的是螺旋杆菌。螺旋杆菌是指以长而窄的螺旋状进行运动的细菌。由于细菌的大小为0.2～3微米，因此可以通过光学显微镜轻松区分它们的形状，但是为了更清楚地观察它们，可以通过“革兰染色”，用两种色素来区分它们。下面介绍一下染色程序。

将细菌用火焰固定在载玻片上，最初先用龙胆紫和碘（蓝紫色）染色。用酒精脱色时，分为脱色的细菌和未脱色的细菌。未脱色的细菌保留龙胆紫的颜色，因此呈现蓝色，脱色的细菌要进一步用稀释复红（红色）复染。在这里，将被染成蓝紫色的细菌称为“革兰阳性菌”，被染成红色的细菌称为“革兰阴性菌”。除了少数例外，球菌通常是阳性的，杆菌为阴性，可以看出革兰阳性和革兰阴性细菌经历了不同的进化，染色差异的原因是细胞壁的不同化学组成。显微镜可以对细菌进行放大1,000倍的观察，即100倍的物镜和10倍的目镜。为了提高分辨率，在物镜和载玻片之间填充了专用油，称为油浸法。染色名称Grams来自发明这种方法的丹麦细菌学家革兰（Hans Christian Joachim Gram）。革兰染色在临床实践中具有重要意义。从患者体内分离出细菌后迅速进行革兰染色，其结果有利于鉴别细菌和选择抗菌药物。

File 07

革兰染色和形态分类

革兰染色的顺序和分类

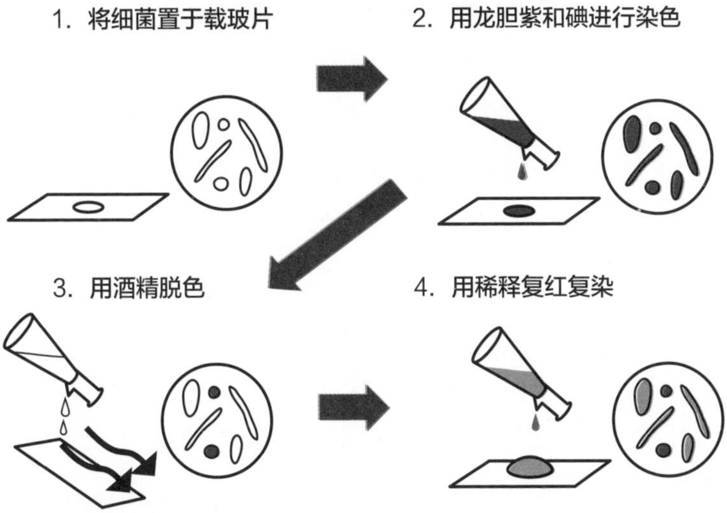
1. 将细菌置于载玻片
2. 用龙胆紫和碘进行染色
3. 用酒精脱色
4. 用稀释复红复染

在用革兰染色法后通过显微镜判断染色性的同时，可以判出细菌细胞的形状以及大致区别球菌和杆菌，有以下四种情况

根据革兰染色及形态进行分类

		形状	
		球菌	杆菌
革兰	阳性菌	（1）革兰阳性球菌 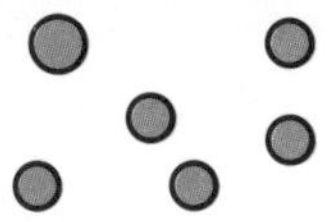 葡萄球菌、链球菌等	（2）革兰阳性杆菌 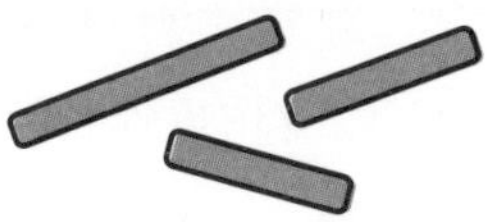 白喉杆菌、梭菌等
	阴性菌	（3）革兰阴性球菌 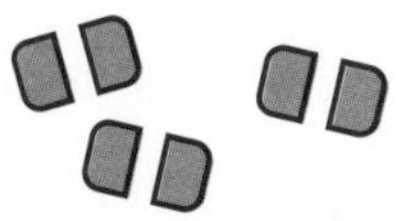 淋球菌、脑膜炎双球菌等	（4）革兰阴性杆菌 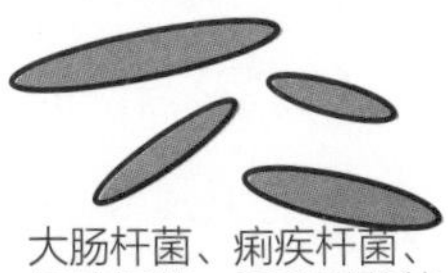 大肠杆菌、痢疾杆菌、绿脓杆菌、霍乱弧菌等

Chapter 2-5

细菌在获取营养的同时分裂并增殖

细菌的分裂和增殖

细菌一边进行细胞分裂一边增殖。换句话说，DNA和细胞成分一式两份地复制。当细菌获取营养时，会出现类似于21页File08那样的增殖曲线。

迟缓期：直到细菌适应新环境并开始增殖之前的时期。

对数期：迟缓期后，细菌开始分裂，数量呈指数增长。换句话说，如果一种细菌分裂10次，则$2^{10}=1024$，而如果分裂30次，则$2^{30}\approx10^{9}$（10亿）。分裂所需的时间取决于细菌的种类，对于大肠杆菌，则约为20分钟。例如，如果大肠杆菌以这种速度生长，则6小时后细胞数将为262,144个。单细胞细菌是肉眼看不到的，但是变成菌团之后肉眼便可以观察到，大肠杆菌在开始培养后的6小时内就会变成可见的菌团。

稳定期：尽管细菌急剧增加，但它消耗了养分并积累了废物。因此，与对数期相比，生长变得极其缓慢，同时死亡的细胞数量增加。

衰亡期：从稳定期开始的一段时间后，死亡细胞的数量超过了增殖细胞的数量，这就是细菌的一生。

影响增殖的因素：养分、氧气、pH值和温度

养分：碳源（例如葡萄糖）、氮源（例如氨基酸）、矿物质（例如Mg^{2+}、Ca、Zn），以及作为生长因子所需的维生素。

氧气（O_2）：需要氧气的“好氧细菌”，有没有氧气都可以的“兼性厌氧细菌”，有氧时不会增殖的“有氧厌氧细菌”

pH值：大多数细菌更喜欢pH值为6～8的中性环境，也有些细菌喜欢酸性环境，例如乳酸菌；有些细菌更喜欢碱性，例如霍乱弧菌。

温度：低温细菌偏好10～20℃，中温细菌偏好30～40℃，嗜热细菌偏好50～60℃，大多数致病菌是中温细菌。

File 08

细菌的增殖曲线

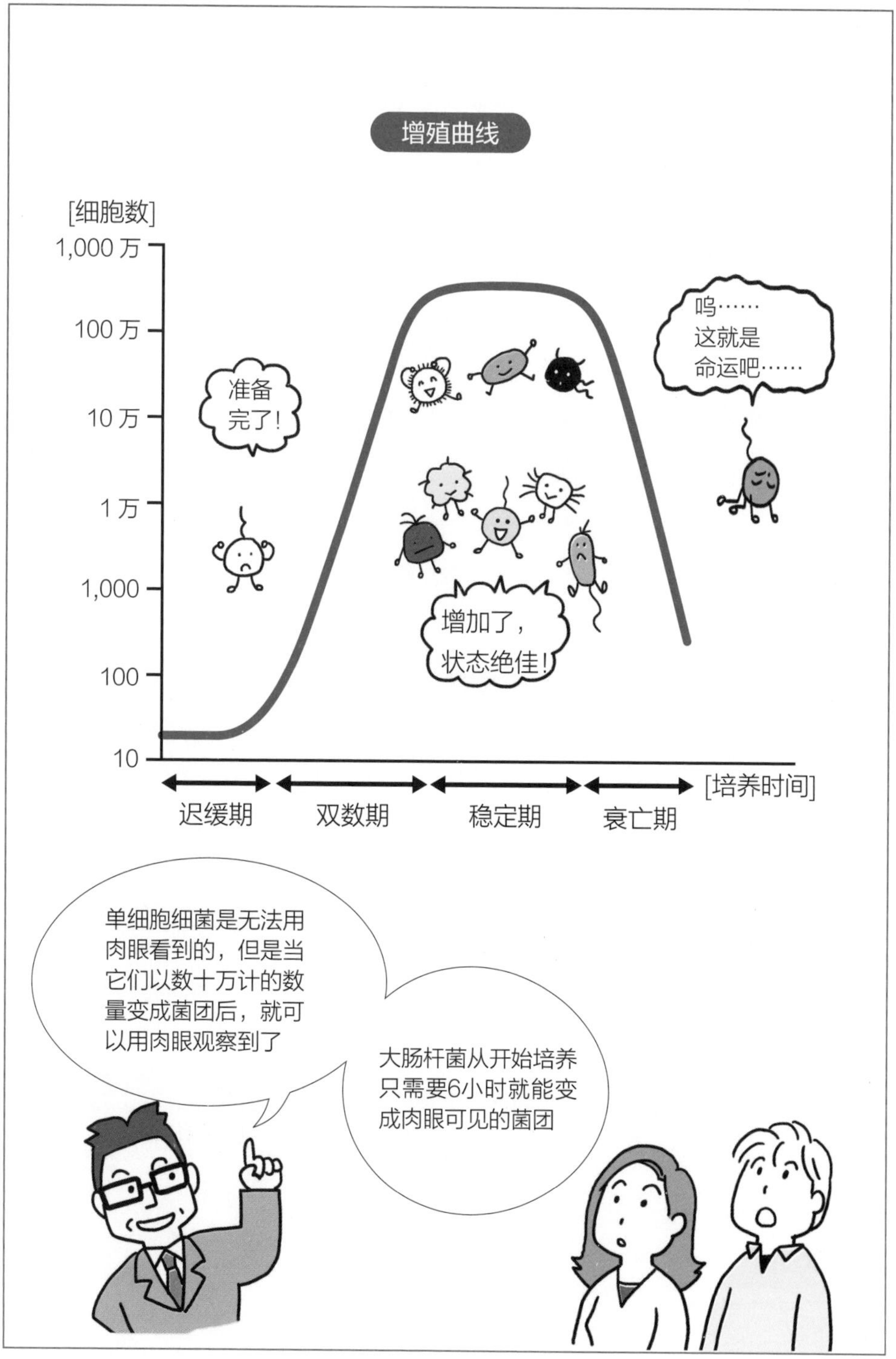

增殖曲线
[细胞数]
1,000 万
100 万
10 万
1 万
1,000
100
10
准备完了！
增加了，状态绝佳！
呜……这就是命运吧……
[培养时间]
迟缓期
双数期
稳定期
衰亡期
单细胞细菌是无法用肉眼看到的，但是当它们以数十万计的数量变成菌团后，就可以用肉眼观察到了
大肠杆菌从开始培养只需要6小时就能变成肉眼可见的菌团

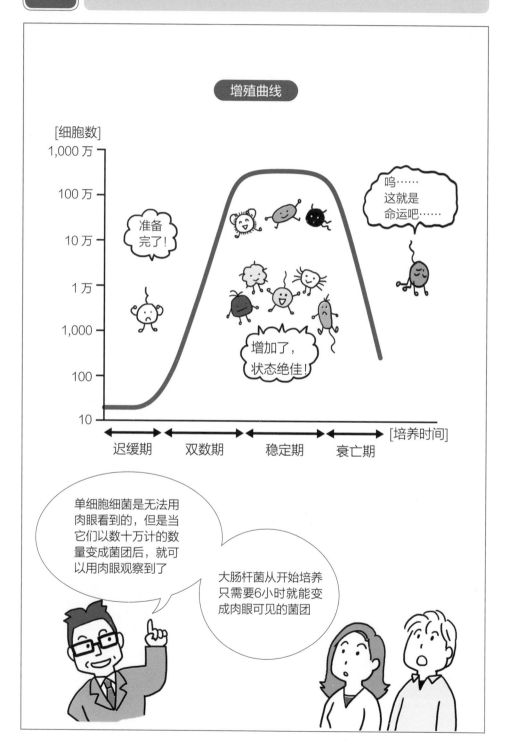

Chapter 2-6

起名字是有规矩的

命名遵循分类规则

人们在起名字时虽然比较自由，但是还是要遵守某些规则。例如，一些寓意不好的字眼儿不会被使用……细菌的命名也是同样的，并且细菌的名称是根据“国际细菌命名公约”给出的。细菌种名是两个单词的组合，一个属名和一个物种形容词。以我国人名打比方，前者是姓氏，后者是名字，同时也有分类级别。从上至下依次为，域>门>纲>目>科>属>种。下表显示了金黄色葡萄球菌和大肠杆菌的命名结果。应用于地理位置时，会更容易理解。如果域是亚洲，日本（门）>本州（纲）>关东（目）>东京（科）>中央区（属）>银座（种）。

表　细菌名称分类

	金黄色葡萄球菌	大肠杆菌
域	细菌	细菌
门	厚壁菌门	变形菌门
纲	杆菌	变形菌
目	芽孢杆菌目	肠杆菌目
科	葡萄球菌科	肠杆菌科
属	葡萄球菌属	埃希氏杆菌属
种	球菌	杆菌

命名工作是鉴定

这种起名称的任务叫作“鉴定”。在细菌中，分析16S rRNA基因的DNA碱基序列，将其与已知菌种的序列进行比较来鉴定。由于鉴定工作需要速度，所以各种鉴定试剂盒已被投放市场。

File 09

细菌的命名

假如人的皮肤上发现了Staphylococcus*属的新种，如何命名呢
新种细菌的命名吗

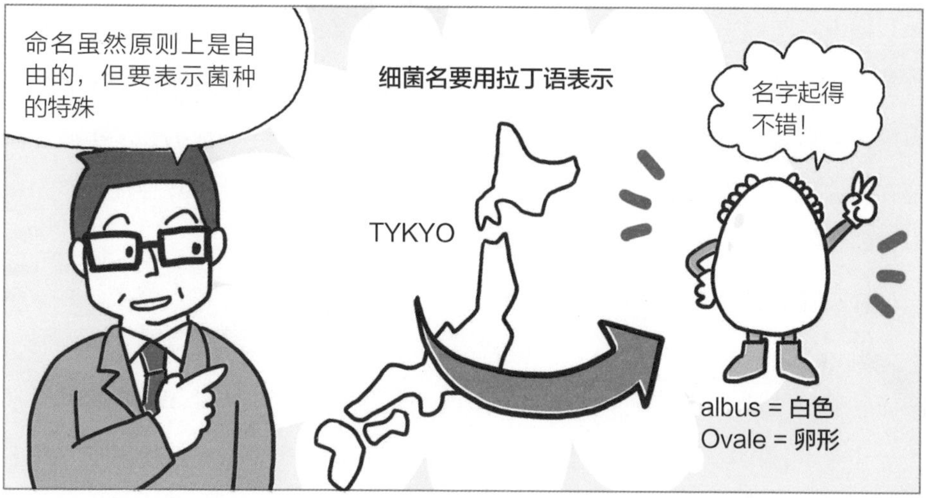
命名虽然原则上是自由的，但要表示菌种的特殊
细菌名要用拉丁语表示
名字起得不错!
TYKYO
albus = 白色
Ovale = 卵形

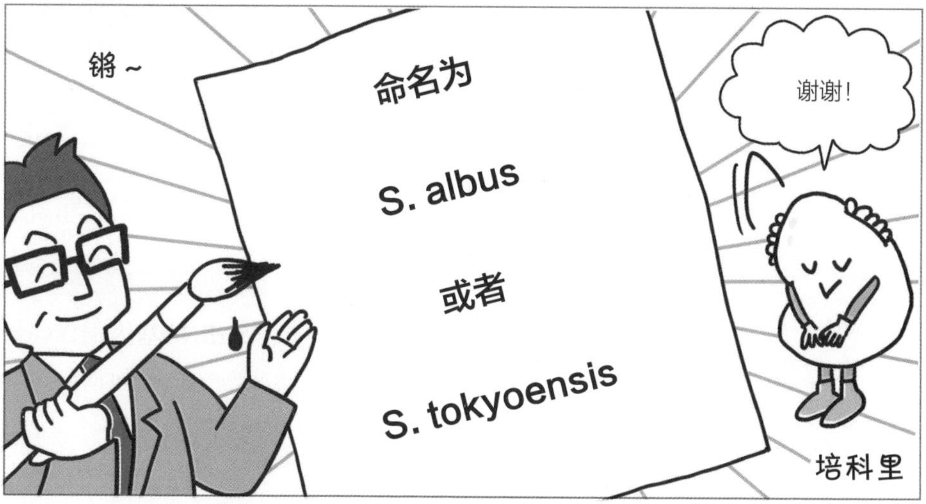
锵～
命名为
S. albus
或者
S. tokyoensis
谢谢!
培科里

*Staphyiococcus是男性名词，所以拉丁语语法上，种加词也要配合使用。

Chapter 2-7

人体被许多微生物覆盖

正常菌群有助于人类健康

许多人会惊讶地发现我们的身体中栖息着1～2千克的微生物。其数量远多于人类的细胞数量。胎儿在子宫里是无菌的，但是在出生后，就会有许多微生物附着，这些微生物称为正常微生物群。从身体上看正常菌群的分布，可以知道微生物几乎附着在身体的每个部位，包括皮肤、眼黏膜、鼻子、耳朵、口腔、咽喉、大肠及泌尿器官和生殖器官。它们大多数是细菌，真菌的种类和数量都比细菌少。微生物的类型因部位而异。例如，即使皮肤相同，手上有很多表皮葡萄球菌，但脚底的棒状杆菌较多。根据位置不同，每平方厘米有10^6个细菌存在。肠道是最多微生物群落形成的部位，其种类超过1000，数量超过100万亿，主要是厌氧细菌。乳酸菌在阴道黏膜上占主导地位。

存在着如此多的微生物一定有某种意义。与其说微生物与人类之间存在共生关系，不如说是相互受益的“互惠互利”关系。如果我们的眼睛是显微镜，就能够看到皮肤上没有缝隙的、层层叠叠的微生物。换句话说，微生物在皮肤上处于生物膜※状态。这样就能物理地阻止外来病原体的侵入，并保护其免受紫外线的侵害。肠道细菌产生B族维生素、维生素K。另外，它还能帮助分解纤维素。通过产生乳酸，阴道黏膜中的乳酸菌可以产生乳酸，使阴道pH值保持酸性，防止外来病原体的入侵。

综上所述，正常菌群为我们的健康做出了巨大贡献。换句话说，如果正常菌群被替换或数量改变，就可能发生疾病。一个典型的例子是长期服用抗生素，这会破坏肠道菌群的平衡，并引起感染（见164页）。或者，当免疫力减弱时，通常无害的正常菌群可能会引起感染。

※**生物膜**：由微生物分泌到细胞外的多糖形成的结构。

File 10

体内的正常菌群

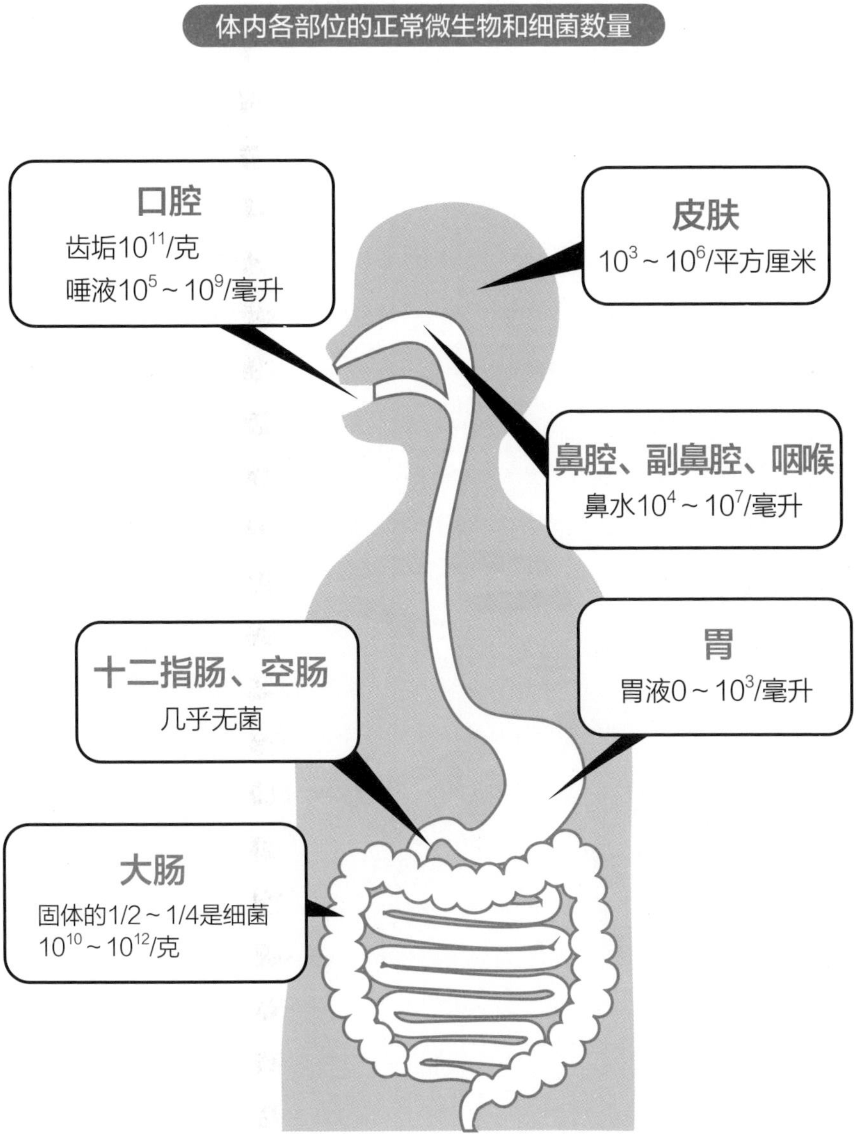

体内各部位的正常微生物和细菌数量
口腔
齿垢10¹¹/克
唾液10⁵～10⁹/毫升
皮肤
10³～10⁶/平方厘米
鼻腔、副鼻腔、咽喉
鼻水10⁴～10⁷/毫升
十二指肠、空肠
几乎无菌
胃
胃液0～10³/毫升
大肠
固体的1/2～1/4是细菌
10¹⁰～10¹²/克

专栏

微生物世界也有社会

由于微生物没有嘴巴，因此它们无法用语言说话，但是它们具有语言以外的交流工具。当细菌靠近同伴时，会产生一种小分子化合物，该信号表明它们是同伴，并且该同伴通过受体感知该化合物。结果，同伴们采取集体行动。该化合物称为自体诱导物（AI）。换句话说，AI是导致细菌采取集体行动的物质。采取集体行动，即感知细菌的细胞密度，被称为菌体密度感知机制。如果您在字典中查询“quorum”一词，看到的解释是“投票的法定人数”。这意味着，当细菌数量超过一定限制时，就会产生AI。

群体感应和致病性密切相关。由于铜绿假单胞菌是条件致病菌，因此通常不会在健康人群中引起感染。但是，当宿主的免疫能力降低时，细菌的数量便会增加。这时，细菌通过感知细胞密度并产生AI，使细菌之间采取集体行动。同时，还会产生各种各样的病原因素。另一方面，如果在发挥致病性时需要群体感应，只要注射阻碍剂量的物质，就可以用于传染病的预防或治疗。这不是杀灭病原体，而是通过整合病原体的社会秩序所形成的新想法。

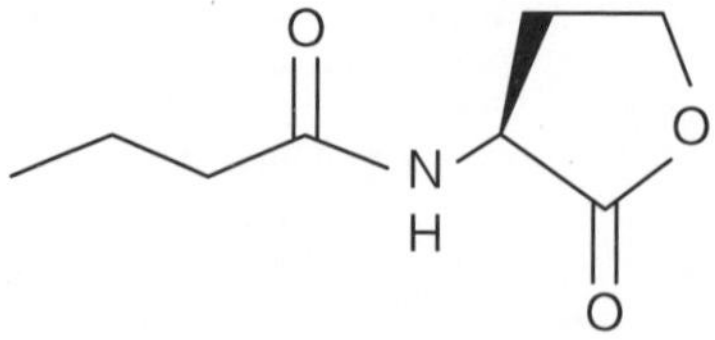
O
N
H
O
O

具有代表性的自体诱导物：高丝氨酸内酯

第3章

细菌遗传学

细菌的DNA和变异的结构

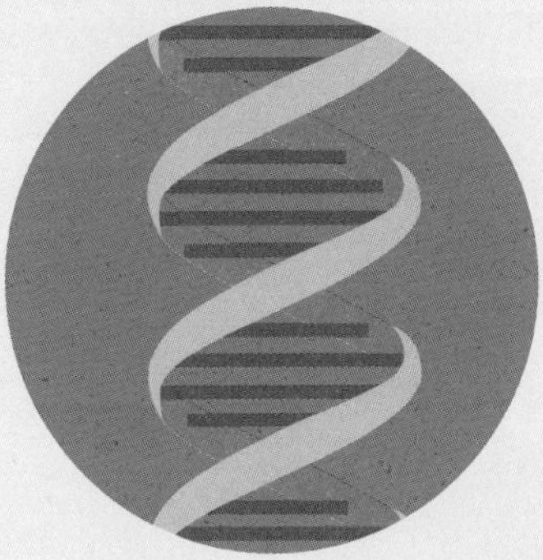

Chapter 3-1

感染细菌的病毒

细菌也会感染上病毒的

不仅人类和动物会感染上病毒，细菌也能感染。因为是“吃细菌”的意思，所以它被称为噬菌体（希腊语中的“吃”）。与感染人类的病毒不同，噬菌体对人类没有致病性。

噬菌体是由核酸和蛋白质组成的粒子。基因较小的有四个，复杂一些的噬菌体有数百个左右。29页File11中展示了感染T2噬菌体的大肠杆菌示意图。它由头和尾组成，核酸收在头部。尾部是用来吸附细菌的器官。吸附后，将核酸从尾部注入细菌细胞，并开始核酸的转录和翻译。在细胞内增殖的噬菌体会破坏细胞壁并释放出来。

换句话说，噬菌体不断将感染细菌-细菌细胞内增殖-溶菌-释放后代噬菌体这一过程反复进行着。这些噬菌体被称为“烈性噬菌体”。当将噬菌体和细菌混合并在琼脂培养基上培养时，在噬菌体感染后会观察到裂解性的斑状物，称为噬菌斑。由于1个噬菌体形成1个菌斑，所以可以通过噬菌斑的数量来确定噬菌体的数量。但是，有时候感染了细菌的噬菌体未必能观察到它有增殖，噬菌体的基因组与细菌的染色体有时被整合在一起，并与细菌一起活动，这种噬菌体被称为“温和噬菌体”，其中整合了噬菌体的细菌被称为“溶原菌”。当溶原菌被紫外线等刺激时，温顺的噬菌体本身开始复制并形成噬菌体颗粒。此时，噬菌体DNA被复制，同时与细菌的染色体DNA结合。换句话说，噬菌体完成了渗入细菌DNA之中的过程。当该噬菌体感染另一种细菌时，也会携带第一个被感染细菌的遗传信息。这种细菌改变了自己的遗传性状，这种现象被称为“转导”。

File 11

什么是噬菌体

T2噬菌体（模式图）

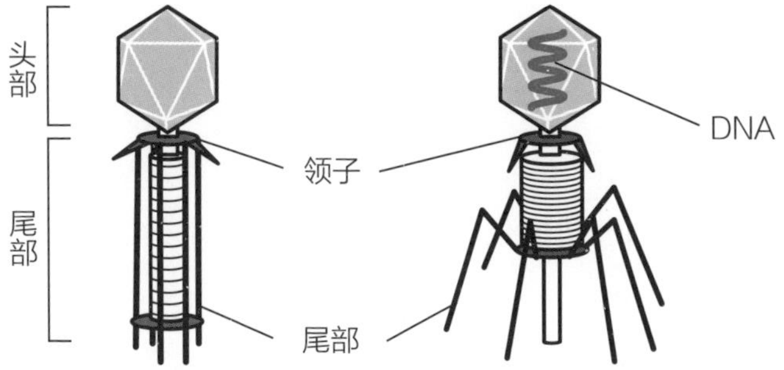

头部
尾部
领子
DNA
尾部

噬菌体感染、增殖的过程（大肠杆菌为例）

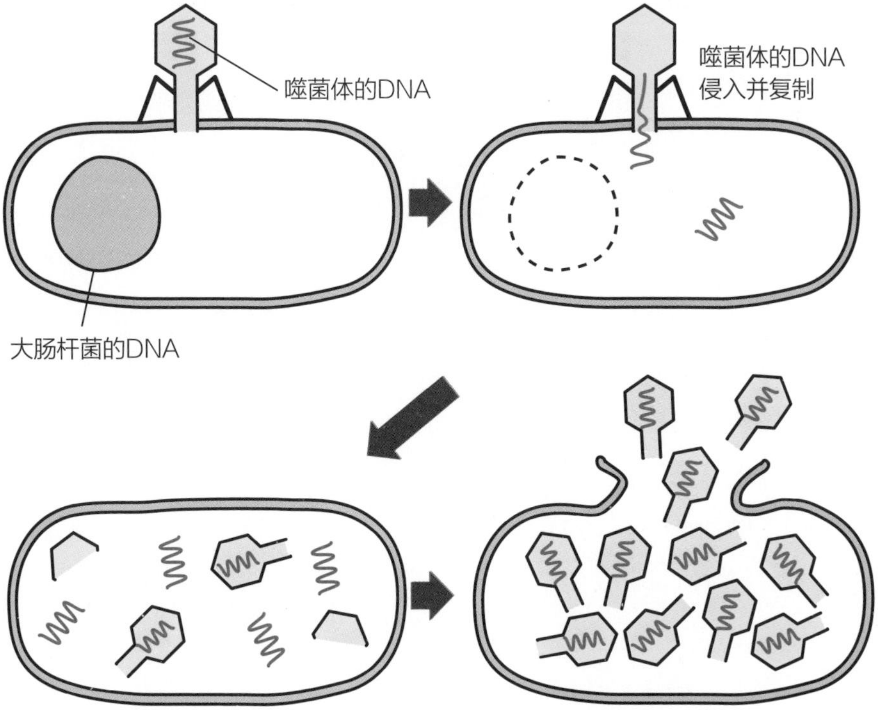

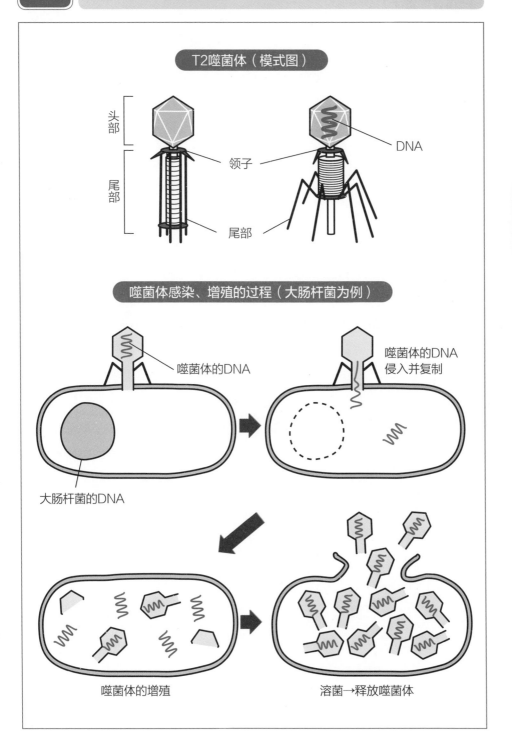

噬菌体的DNA
噬菌体的DNA
侵入并复制
大肠杆菌的DNA
噬菌体的增殖
溶菌→释放噬菌体

Chapter 3-2

细菌发生突变

导致细菌突变的若干现象

细菌即使在自然状态下也会发生突变。辐射、紫外线或某些化学物质都会诱发突变。前者称为“自然突变”，后者称为“诱导突变”。突变可能会增加致病性，而突变则伴随着遗传改变。在这之中伴随着构成DNA碱基的“替换”“丢失”或“插入”。“置换”是要替换另一个碱基，因此，基因产物氨基酸也可能发生变化。

请更详细地说明下细菌基因的变化。

好的，我在File12中进行说明。

实际上这种突变会在致病菌中引起什么现象？

1）**形状改变**：肺炎球菌荚膜可能会消失。

2）**菌落的变化**：一般而言，革兰阴性细菌菌落的表面是光滑的。这种平滑型的菌落被称为S型。而突变会导致菌落的周边变得粗糙。这种粗糙型的菌落被称为R型。S型和R型的变化是基于细菌表面结构的变化。由于变形杆菌属具有鞭毛，所以在琼脂培养基上用鞭毛进行运动从而增殖和扩散。当鞭毛由于突变而丢失时，它们会变得无法移动并形成一个孤立的群落。

3）**抗原结构变化**：这也与菌落的变化有关。H抗原的性质由鞭毛决定，O抗原的性质由菌体表面的多糖结构决定。当H抗原丢失时，只剩下O抗原。荚膜抗原也称为K抗原。当它消失时，致病性就会降低。

人为引起变异的一个例子是用于预防结核病的卡介苗疫苗。这是花了13年通过牛结核杆菌经过230代而产生的减毒菌株。随着反复传代，致病性减弱，但保留了抗原性。因此，人类可以安全地接种疫苗。

File 12 细菌变异的过程

首先复习一下遗传密码吧
细菌和人一样都是生产蛋白质维持生命活动。为了生产蛋白质，会在DNA上将3个碱基的序列用一个一个氨基酸进行配列。这个序列与基因转录有很大的关联，被称为遗传密码
AUG 蛋氨酸
ACG 苏氨酸
GAG 谷氨酸
CUU 亮氨酸
CGG 精氨酸
比如，这一遗传密码CUU转录为亮氨酸，第二个“U”如果置换成“C”的话，则被转录为脯氨酸
CUU 亮氨酸
CCU 脯氨酸
我们称之为错义突变
UAU（酪氨酸）如果换成UAG的话，就会变为终止密码※，转录就会停止
UAU 酪氨酸
UAG 终止密码
我们称之为无义突变
此外，DNA配列的碱基及顺序即使有一个发生变化，就会演变为变异的原因
GCC GCC GCC（丙氨酸 丙氨酸 丙氨酸）
插入A
AGC CGC CGC（丝氨酸、脯氨酸、脯氨酸）
我们称之为移码突变
真厉害，即使一点点变化都会引发变异呀！

※**终止密码：**表示蛋白质转录终止的密码，包括UAA、UAG和UGA。与之相对，我们将表示开始的密码称之为开始密码。

Chapter 3-3

染色体以外的小基因质粒

质粒是能够自主复制的DNA

细菌除了染色体DNA外还有其他小的DNA，被称为质粒，其大小在几千碱基对至几百千碱基对，并且大多数同染色体DNA一样是环状双链DNA。由于具有与复制相关的基因，因此可以自主复制该基因。某些质粒可以通过结合转移（可传播）到其他细菌中，而某些不能（不可传播）。携带可传播质粒的细菌具有性菌毛，通过该菌毛发生传递。不具有转导能力的非传染性质粒也可以通过利用噬菌体进行性状导入和性状转换，将基因转移到其他细菌中。当将两个或多个质粒置于同一细菌细胞中时，某些质粒可能不会在细菌细胞中共存，并可能被淘汰。这称为“不兼容性”。

在质粒中，含有对抗菌药物有耐药性的抗性基因的物质称为R质粒。如果包含多个抗性基因，就会同时对多种抗菌药物产生耐药，这在医学领域是非常严重的。主要涉及磺胺药、β-内酰胺药、氨基糖苷药和氯霉素等多种药物。例如，有一种使用四环素作为底物的药物外排泵。当产生该泵的基因包含在质粒中时，即使使用四环素，该泵也会将其从细菌细胞中排出。也就是说，它对四环素没有作用。由于质粒会传递给其他细菌，因此，最初对抗菌药物有效的细菌如果接受了R质粒，也会对抗菌药物产生抗药性。

用于基因工程学的质粒

我们可以通过利用质粒的转移来分析基因的功能。例如，将某种基因人工植入到质粒中。通过使细菌吸收这些物质并在其中表现遗传基因，就可以分析该遗传基因的功能。它是基因工程领域中非常普遍的实验工具。

注意： 蛋白质大小用分子量（道尔顿）表示，而DNA通常用碱基数（bp）表示。500对碱基是500 bp。

File 13

质粒的自主复制

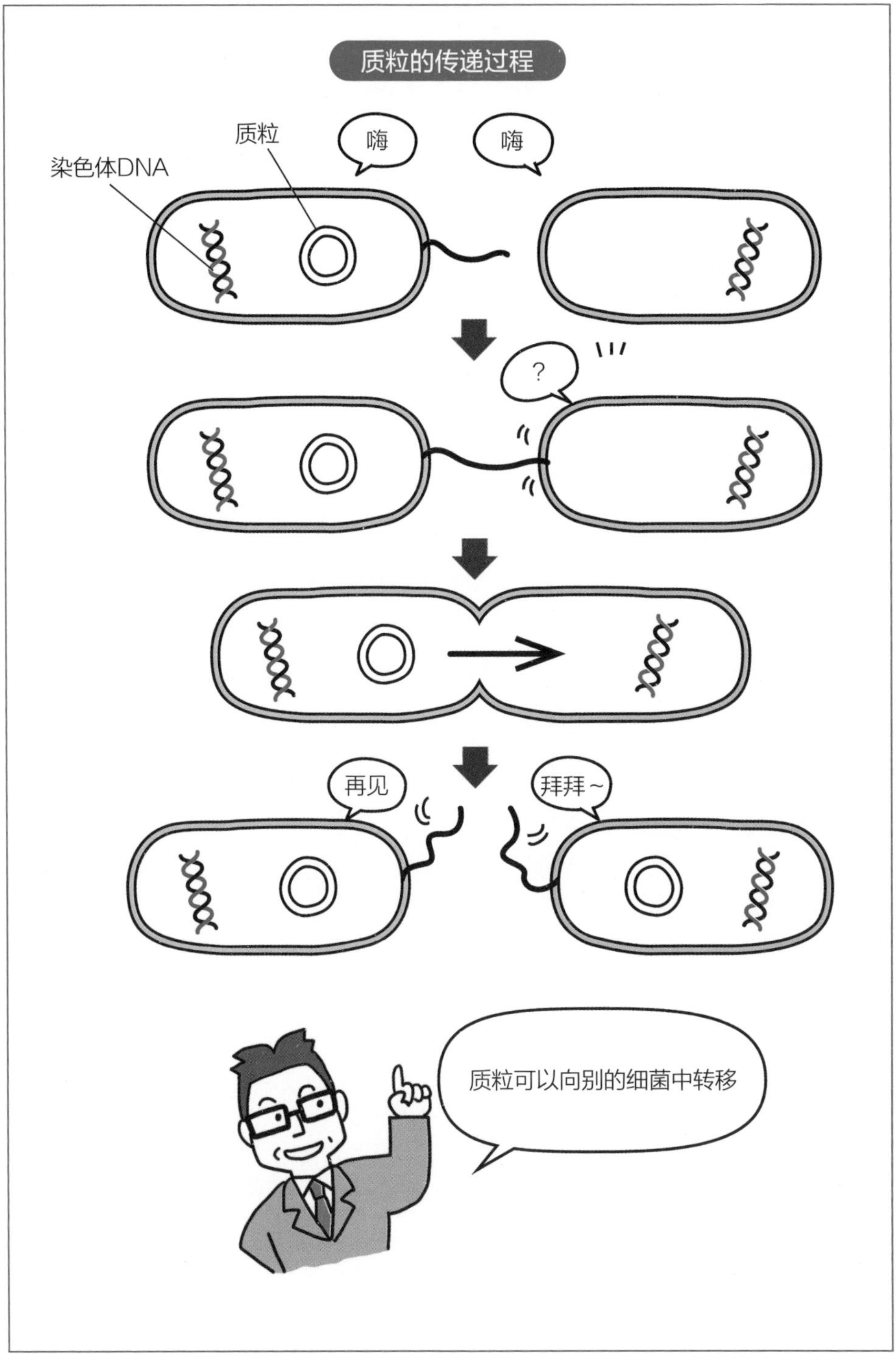
质粒的传递过程
质粒
染色体DNA
嗨
嗨
?
再见
拜拜~
质粒可以向别的细菌中转移

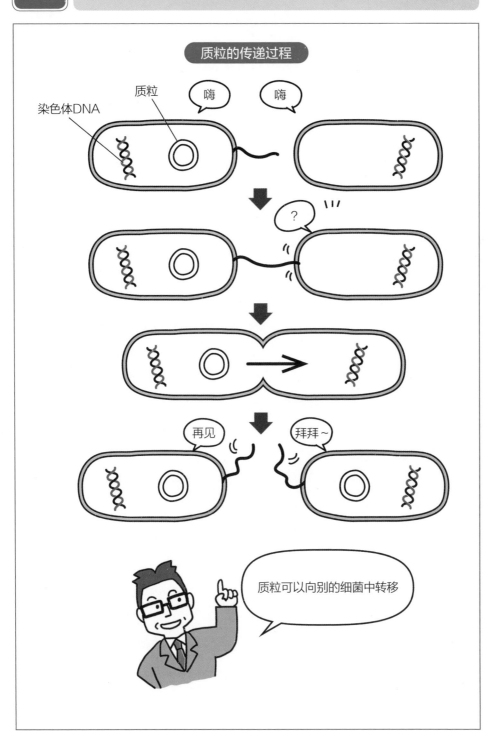

专栏

微生物基因组的大小

基因组（genome）是gene（基因）+ ome（集合体），因此意味着细胞中存在的所有基因。定量显示的表达方式是碱基对的数量（bp）。例如，人类基因组大小表示为3,251 Mbp（M为mega，数量为10^6）。目前，由于基因组分析设备的创新进步，分析基因组信息变得相对容易。实际上，大多数致病或工业上有用的微生物的基因组已被解密。下表总结了本书中描述的主要微生物的基因组大小。

存在于环境中的葡萄球菌和铜绿假单胞菌等显示出相对较大的基因组大小，为3～8 Mbp，而梅毒螺旋体、衣原体和支原体，小于1 Mbp。这是因为基因组较小的细菌失去了能量代谢系统的基因，其能量供给依赖于宿主。由于真菌比细菌更高等，因此它们的基因组大小是细菌的几倍以上。比较基因组是十分有趣的。有些细菌和真菌有共同的基因，但有些基因只存在真菌中或只存在于特定的菌种中。思考微生物的进化问题，非常有趣。

表　主要微生物的基因组大小

菌种	基因组大小（Mbp）
绿脓杆菌（*Pseudomonas aeruginosa*）	7.59
结核分枝杆菌（*Mycobacterium tuberculosis*）	6.04
金黄色葡萄球菌（*Staphylococcus aureus*）	3.17
梅毒螺旋体（*Treponema pallidum*）	1.14
衣原体（*Chlamydia trachomatis*）	1.08
支原体（*Mycoplasma genitalium*）	0.58
新型隐球菌（*Cryptococcus neoformans*）	19.70
白癣菌（*Trichophyton rubrum*）	23.17
烟曲霉菌（*Aspergillus fumigatus*）	29.39

[美国国立生物技术信息中心（NCBI）网站（http://www.ncbi.nlm.nih.gov/genome）引文出处]

第4章

感染论

病原微生物是如何进行感染的

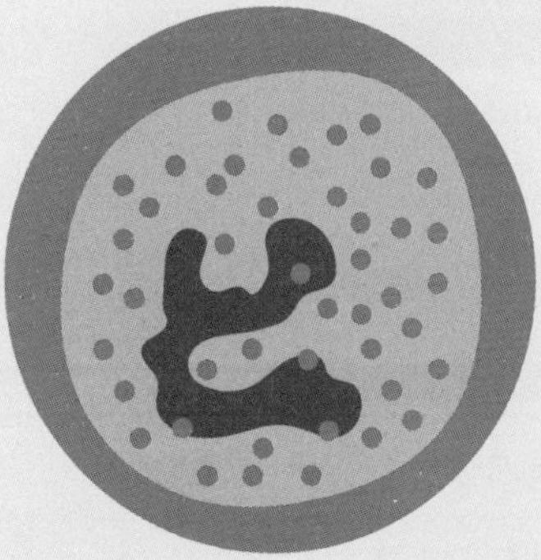

Chapter 4-1

感染是什么

感染的基本用语

当病原体侵入并在体内增殖时，便开始了感染。在这里，为了更好地理解感染，希望大家能了解感染的基本用语。

1）**感染和感染病**：当病原体进入我们的身体，并在体内增殖时（即当它脱离免疫防御机制时），便会造成感染。感染后，当对人类产生危害时，称为感染病。

2）**病原因子**：引起微生物发挥致病性的因子。例如，毒素是典型的攻击性因子。逃脱人类免疫防御系统的能力是保护性因子。即使结核杆菌被吞噬细胞吞噬，它也会产生一种保护自身的酶。

3）**感染防御机制**：人体有一个防御机制来躲避病原体的攻击。胃的强酸性环境也是防止病原体从口腔进入的另一种防御机制。作为免疫学机制，有通过先天性免疫和适应性免疫来防御病原体的方法（见43页File17）。

4）**显性感染和无症状感染**：感染后显现出症状的被称为显性感染，尽管体内存在病原微生物，但没有显现症状的被称为无症状感染。

5）**机会感染和易感染性宿主**：在健康人中即使无害的微生物也可能导致免疫力低下的人（器官移植患者、艾滋病患者等）感染。这种感染被称为机会感染，抵抗感染的能力低下的人被称为易感染性宿主。例如，念珠菌驻留在皮肤、肠道、阴道和口腔黏膜中，但是念珠菌可以在宿主免疫力低下的情况下引起感染。

6）**急性感染和慢性感染**：即使病原体进行入侵并且发生症状，其症状短暂的话（通常每周一次），就被称为急性感染。当感染以每月为单位持续进行的时候，便称为慢性感染。在病毒感染的情况下，病毒基因组可能在体内形成共存状态，这称为隐性感染。

File 14

显性感染和无症状感染

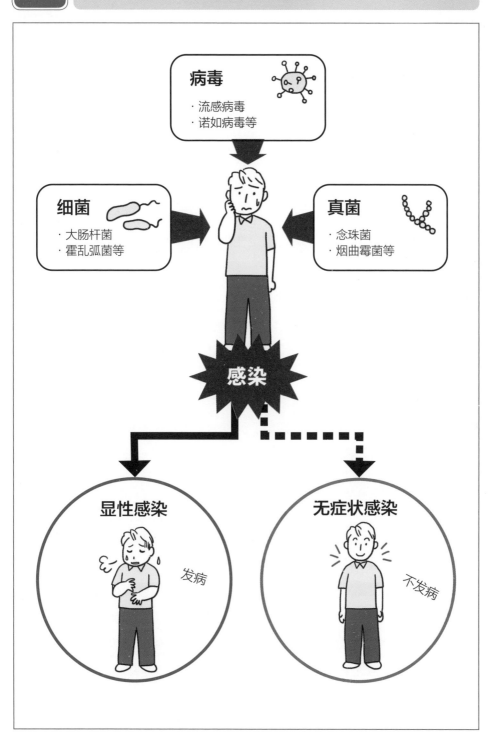

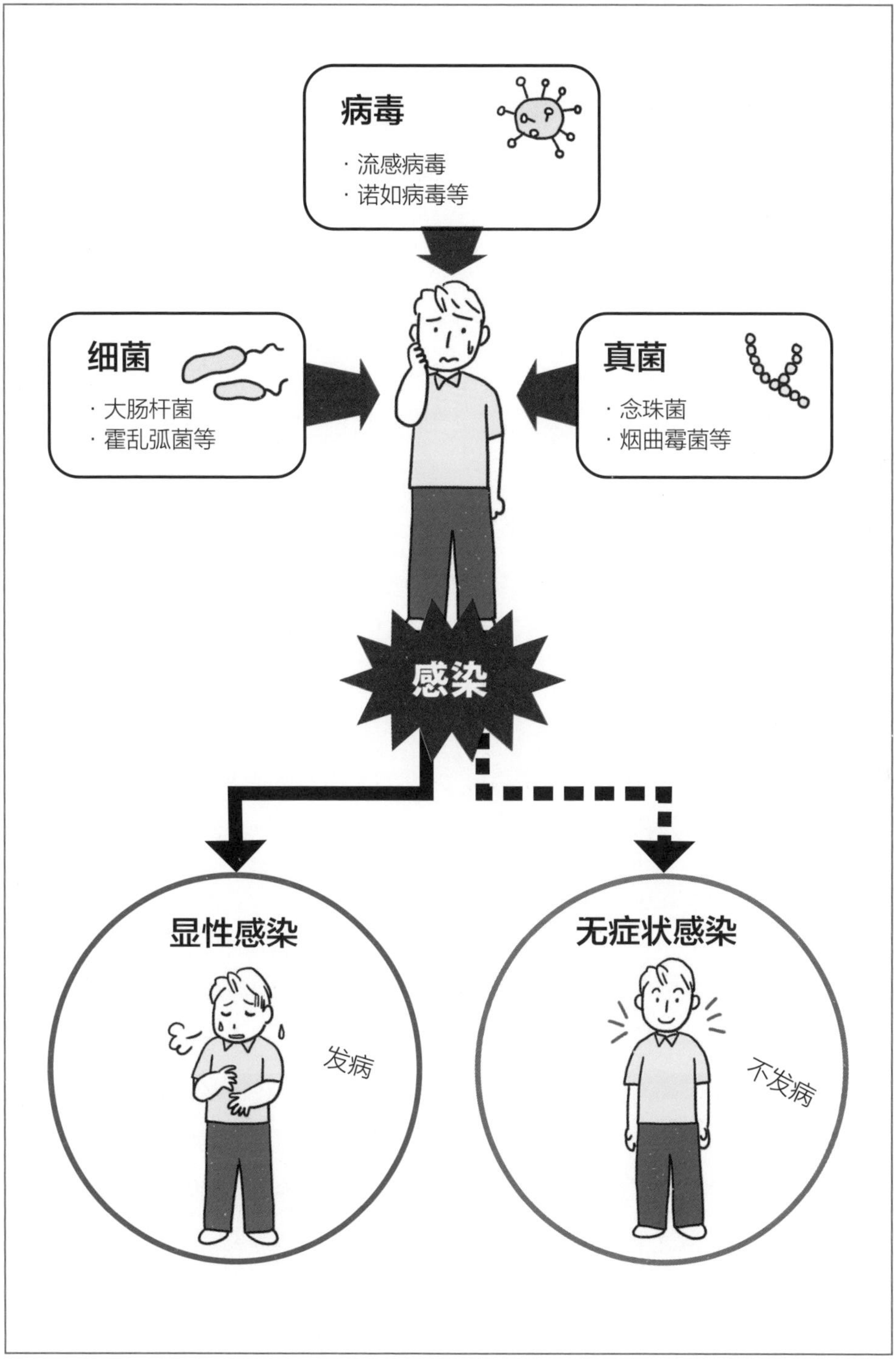

病毒
· 流感病毒
· 诺如病毒等
细菌
· 大肠杆菌
· 霍乱弧菌等
真菌
· 念珠菌
· 烟曲霉菌等
感染
显性感染
发病
无症状感染
不发病

Chapter 4-2

不同病原体有不同的感染途径

了解感染途径就可以预防

感染的第一步是病原体侵入人体。病原体有多种感染途径。虽然戴口罩可以阻挡飘浮在空气中的病原体，但是当蚊子携带病原体时，口罩就无法阻止了。总之，了解病原体的感染途径是可以在一定程度上预防感染的。

1）**经呼吸道感染：**空气中飘浮着来自环境中的微生物，特别是真菌及曲霉的孢子。吸入后，孢子到达肺部，在那里它们开始增殖并发展为肺曲霉病。由咳嗽或打喷嚏引起的感染称为飞沫感染（飞沫是指口水飞散的意思）。以流感病毒和结核菌为代表。由于吸入空气中的孢子或飞沫，病原体也会进入呼吸道，因此这些感染统称为经呼吸道感染。

2）**经口感染：**食物或水中含有病原体时，病原体会通过口腔进入消化道。这被称为经口感染。比如生食被副溶血性弧菌污染的海鲜而引起细菌性食物中毒，饮用含有霍乱细菌的生水时引起的水系传染病等。预防措施是进行加热处理。接触到被粪便污染的水和食物的情况也被称为粪口–传播。

3）**血液感染：**由输血或针头引起的感染称为血液感染。当前在日本，感染基本上不是由此途径引起，但是在没有建立检测技术的情况下，存在通过输血感染的病例（丙型肝炎、HIV感染等）。

4）**母婴感染：**将病原体从被感染的母亲传播到婴儿的感染，也被称为垂直感染，因为它是从母亲传给孩子的。除了母子之间其他人与人之间的感染被称为水平感染。风疹病毒通过流经胎盘的血液传播给婴儿（经胎盘感染）。产道中存在的病原可能会在出生时传播给婴儿（产道感染），乙型肝炎病毒或艾滋病病毒就是这种情况。

5）**媒介感染：**媒介感染是指以动物或昆虫充当病原体的载体（媒介）并引起人类感染的情况。日本脑炎和疟疾的载体是蚊子，立克次体的载体是螨虫。预防感染的办法是驱除这种载体（媒介）。

File 15

病原体的感染途径

1）经呼吸道感染

流感病毒、结核分枝杆菌等

2）经口感染

肠炎弧菌、霍乱弧菌等

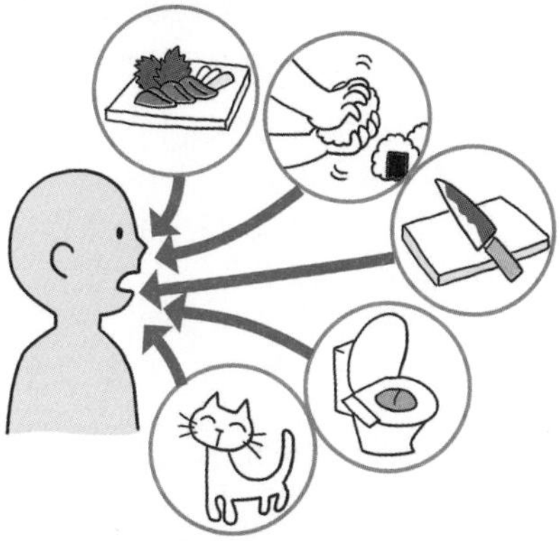

3）血液感染

丙型肝炎病毒、HIV等

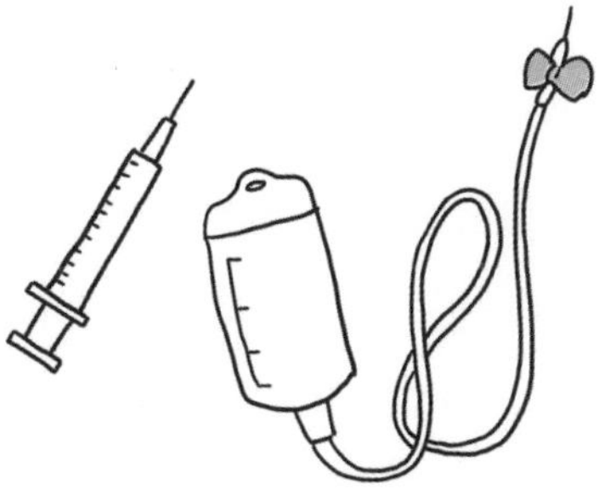

4）母婴感染

乙型肝炎病毒、HIV等

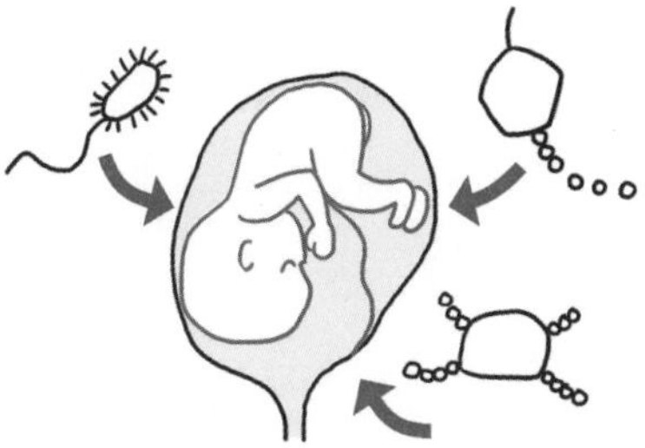

5）媒介感染

日本脑炎病毒、立克次体等

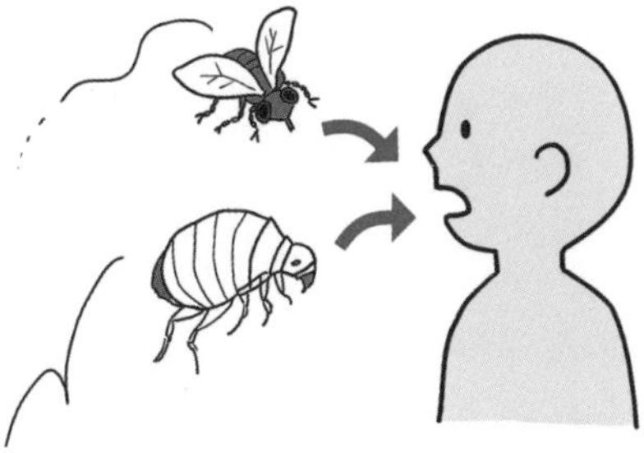

不同的病原体，感染的途径是不同的

Chapter 4-3

发病前的过程

从病原体入侵到发病的过程

即使病原体试图侵入我们的身体，它也不能轻易突破，因为生物体具有防御机制，但是当它克服壁垒时就会引发疾病。病原体具有突破这一障碍的能力，尽管在发病之前它需要经过好几个过程。下面，根据下页的File16进行说明。

1）**侵入门户和附着：**侵入的部位被称为侵入门户。由于黏膜是与外界接触的主要部位，因此已经开发出一种免疫机制，能不断抵御外来微生物的攻击。然而，病原体具有进入黏膜后沉降的工具。大肠杆菌和霍乱弧菌周围有蛋白质纤维状的丝状菌毛（见14页）。菌毛有各种类型，与人类细胞附着有关的菌毛称为附着菌毛。特别是对附着在肠道和尿道上起重要作用。黏附素存在于菌毛的尖端，当它与人类细胞的受体结合时，黏附作用增强。此外，微生物可能会沉淀在导管的前端，导致抗菌药物失效。这是因为微生物以导管为基础，一边向细胞外分泌多糖，一边形成三维聚集体，抗菌药物就会被多糖阻挡。

2）**定居和增殖：**由于微生物是生命体，因此需要营养才能生长。组织本身不能成为营养源，因此会被分解。为此，细菌本身产生水解酶并将其分解为氨基酸和脂肪酸。

3）**毒素产生和细胞内增殖：**毒素产生可能对机体造成损害。另外，也存在能够在人体细胞内增殖的病原体。通常，当微生物被中性粒细胞和巨噬细胞吞噬后，就会在细胞内被杀死。但是，结核分枝杆菌和军团菌可以抵抗吞噬细胞的杀菌作用。

4）**发病：**尽管体内存在病原微生物，但仍有可表现出明显症状的显性感染和不表现出症状的无症状感染。

5）**发病后病程：**即使症状消失，病原体也可能残留在体内，这被称为携带。即使没有症状，宿主也是病毒（细菌）携带者，会变成传染源。

File 16

感染发病的过程

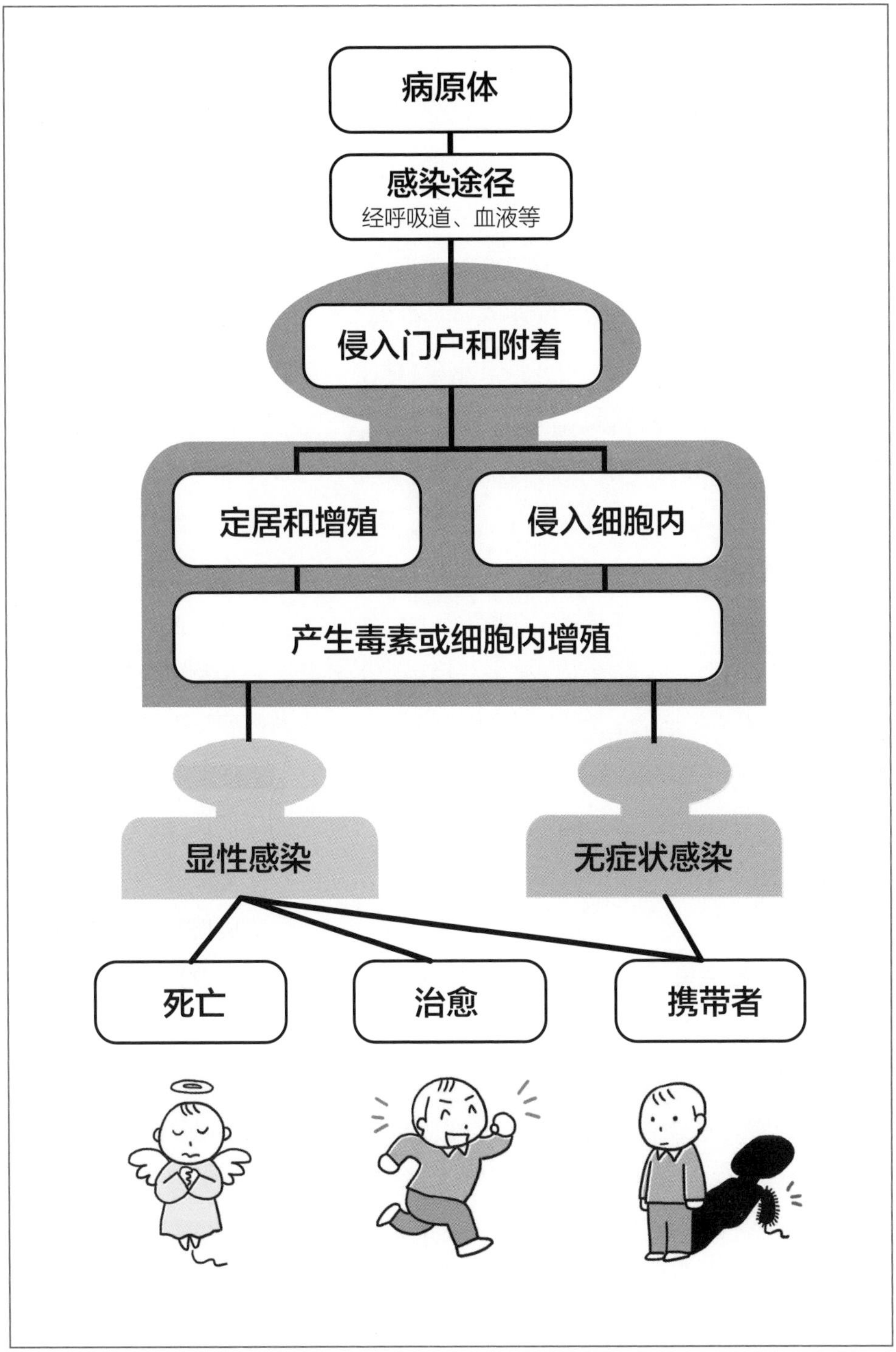
病原体
感染途径
经呼吸道、血液等
侵入门户和附着
定居和增殖
侵入细胞内
产生毒素或细胞内增殖
显性感染
无症状感染
死亡
治愈
携带者

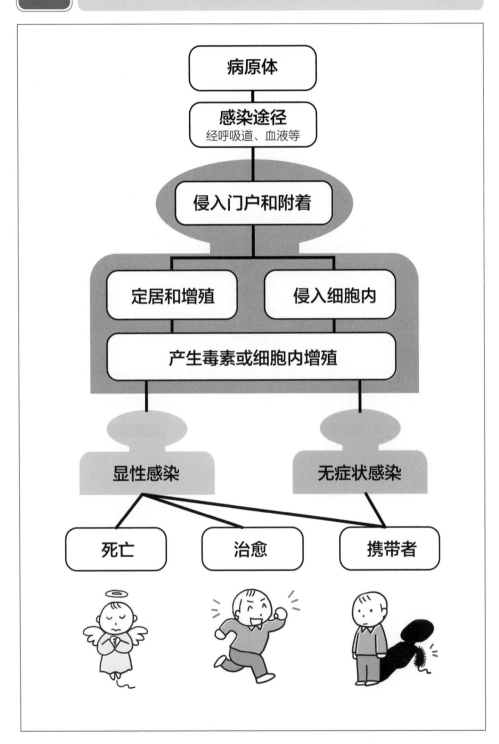

Chapter 4-4

人体免疫防御系统

人类利用免疫防御系统保护自己免受病原体的攻击

我们得益于自身的免疫防御系统，即使受到各种微生物的侵袭，也可以过上健康的生活。免疫是指识别自己与非己，排除非己从而维持了自身健康的系统。本书中提到的非己指的当然是病原微生物。我们的免疫系统由两种机制组成，其中病原微生物首先受到先天免疫的迎击，如果被突破的话，就用适应性免疫保护自身。在此之前，有皮肤和黏膜构成的屏障保护机制。下面，让我们依次看一下这三种免疫机制。

1）**皮肤和黏膜的屏障机制**：皮肤和黏膜上存在多种微生物。它们在化学和物理上防止了外来微生物的入侵。例如，阴道黏膜覆盖有乳酸菌，这种细菌产生的乳酸抑制了外来细菌的生长。该屏障的失效可导致细菌性阴道病。另外，皮肤也能产生所谓的天然抗菌肽。

2）**先天免疫**：当病原菌突破皮肤和黏膜屏障机制侵入人体时，它会与先天免疫系统战斗。这是一个随时准备战斗的系统。主角是吞噬细胞，例如中性粒细胞和巨噬细胞。它通过吞噬细胞表面上存在的模式识别受体与病原体结合。这些包括Toll样受体（TLR）和C型凝集素样受体。例如，TLR4识别革兰氏阴性细菌的脂多糖。此后，通过受体吞噬的病原体被吞噬细胞中的活性氧杀死。

3）**适应性免疫**：大多数病原体因为有先天免疫对生物体的入侵和定居都被排除，但是高致病性微生物会突破这种防御机制。接下来，B细胞会产生与每种病原体相对应的抗体（免疫球蛋白，Ig），并通过与病原体结合而失活。B细胞可以存储病原体信息，以便立即产生抗体，为第二次感染做准备。另外，在T细胞中，细胞毒性T细胞可以结合并破坏被病毒感染的细胞。先天免疫是一种非特异性机制，而适应性免疫则针对特定病原体。

File 17

人体免疫防御系统

1 皮肤和黏膜屏障

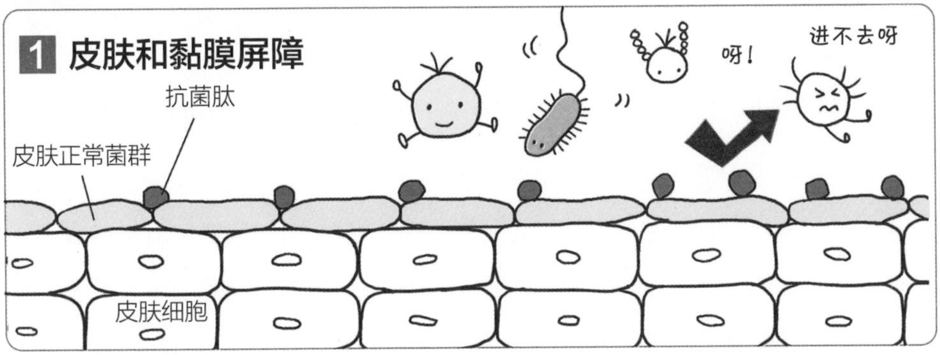
抗菌肽
皮肤正常菌群
皮肤细胞
呀！
进不去呀

2 先天免疫

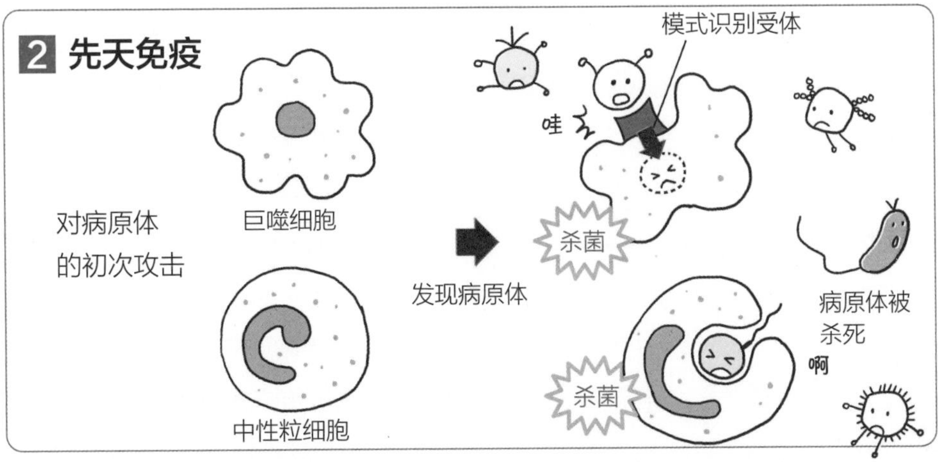
对病原体
的初次攻击
巨噬细胞
中性粒细胞
发现病原体
模式识别受体
哇
杀菌
杀菌
病原体被
杀死
啊

3 适应性免疫

（A）细胞毒性T细胞

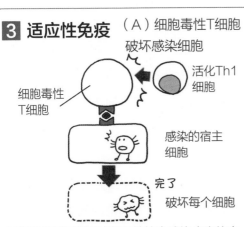

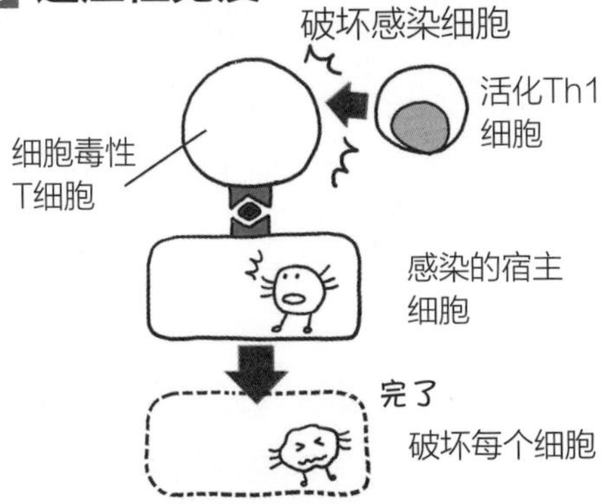
破坏感染细胞
活化Th1
细胞
细胞毒性
T细胞
感染的宿主
细胞
完了
破坏每个细胞

细胞毒性T细胞通过发现并结合感染病毒的宿主细胞，来破坏被感染的细胞。此时，需要Th1细胞的帮助

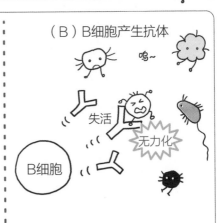

（B）B细胞产生抗体

呜~
失活
无力化
B细胞

B细胞针对各种病原体（抗原），能够产生特殊的抗体（类似远射武器一样），并以此让病原体失活

Chapter 4-5

在医院发生的感染

越来越重要的院内感染对策

本来，医院是为了进行治疗才去的地方。但是，在医院也可能会发生新的感染，这被称为“院内感染”，而医院外的感染被称为“社区感染”。广义上，院内感染是指医院内发生的所有感染，但是，它不包括有传染性的传染病。一般来说，是指由于患者自身的正常菌群引起的机会性感染（内源性）和通过医护人员或其他患者导致的外源性感染。

使用激素类药物、抗癌药及免疫抑制剂后，感染防护能力下降，宿主的免疫功能会变得低下（见36页）。可能会发生由铜绿假单胞菌和念珠菌等正常菌群引起的感染。

在医院中，有些患者长期服用广谱抗生素※（见148页）。在这样的患者中，对抗菌药物有效的细菌逐渐被杀死，最终仅剩对抗菌药物无效的细菌存活。当它对多种抗菌药物（耐多药细菌）都无效时，就会变得更加严重。在院内感染中，尤其成问题的耐药细菌包括耐甲氧西林的金黄色葡萄球菌（MRSA），耐万古霉素的肠球菌（VRE），耐多药的铜绿假单胞菌（MDRP）和耐多药的不动杆菌等。由于医院里有一群免疫力低下的宿主，因此如果发生患者感染，它就有可能传播到另一位患者，并可能发展为大规模感染。经常有新闻报道由于多重耐药细菌的出现而导致死亡的消息。在2004～2006年，有167人在医疗机构感染了MDRP，其中11人死亡。铜绿假单胞菌即使感染了健康人，也很少发展成传染病，但是在医院却可以发生。 2010年，出现了一起在46名患者中有27人因多重耐药性不动杆菌感染而死亡的事故。

在某些情况下，病原体也有通过医生、药剂师和护士携带传播的。尽管MRSA常存在于健康人的鼻腔中，但据报道，医务人员的附着率高于非医务人员。重要的是要了解，尽管医疗技术正在迅速发展，但医院感染的控制却变得越来越重要。

※**广谱抗生素**：一种对多种病原微生物有效的药物。

File 18 易感染性宿主

即使对医院内健康人没有
坏处的细菌……

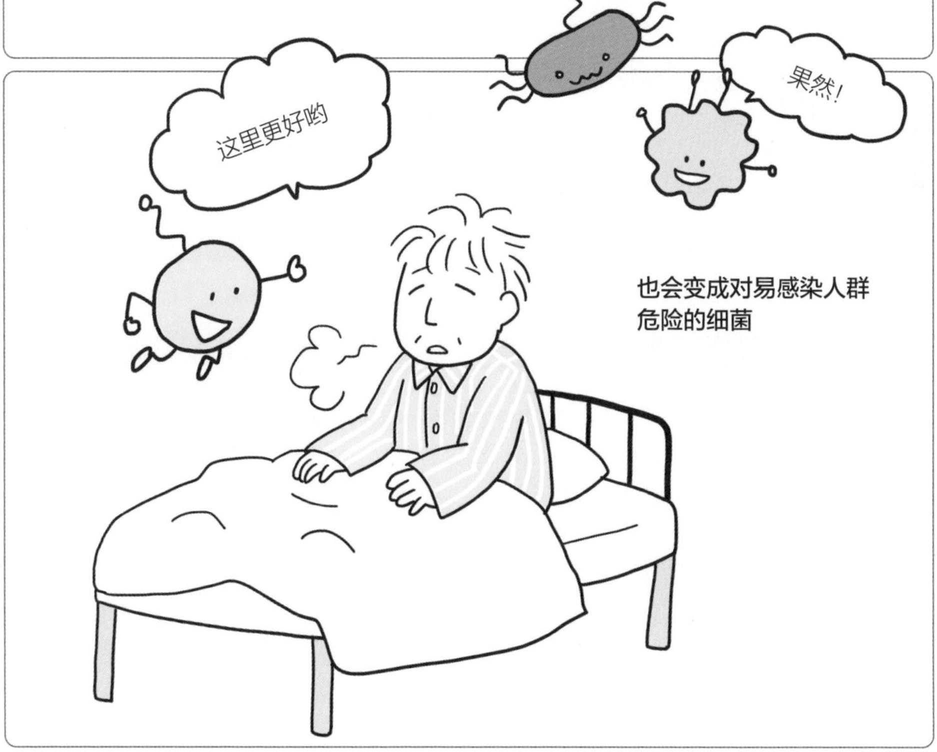
这里更好哟
果然!
也会变成对易感染人群
危险的细菌

Chapter 4-6

灭菌和消毒有不同的含义

“灭菌”和“消毒”的区别

我们日常会说给手进行消毒，但不是给手灭菌。说给新鲜的牛奶灭菌，但不说给牛奶消毒。实际上，这两个词是有区别的。

什么是灭菌

灭菌是指杀死或去除物体上存在的所有微生物。因此，不分有益细菌和有害细菌。灭菌只是一个用来表述杀死微生物的术语，在学术上是一个有点儿模糊的表达。根据不同的对象，灭菌的方法也有所不同。铂环是微生物培养所必不可少的，可通过气锅进行火焰灭菌。将玻璃器皿在180℃下干热30分钟，在121℃2个大气压强的高压蒸汽条件下持续15～20分钟，所有微生物都会死亡。使用^{60}Co的γ射线可以对塑料仪器（例如培养皿和注射器）进行辐射灭菌。放射线具有良好的穿透性，因此可以对包装器具进行灭菌。紫外线可以通过破坏微生物的DNA来灭菌。上述方法是杀死微生物的直接方法。但是，因为加热会导致其失活的药物不能使用这些方法。在这种情况下，请使用比微生物小的滤网过滤液体。此外，还可以使用环氧乙烷或甲醛气体进行灭菌。

什么是消毒

消毒是减少物体上存在的微生物的数量。消毒药物从其成分来看，包括：酚类（苯酚和甲酚）；双胍类（葡萄糖酸氯己定）；醇类（乙醇）；四级铵盐（苯扎氯铵和苄索氯胺）；表面活性剂（盐酸烷基二氨基乙基甘氨酸）；氯类（次氯酸钠）；碘类（碘酊）；烷基化剂（戊二醛）等。遗憾的是，一种消毒剂无法消毒所有微生物，因此，需要根据目的正确使用它们。

File 19

各种各样的消毒、灭菌法

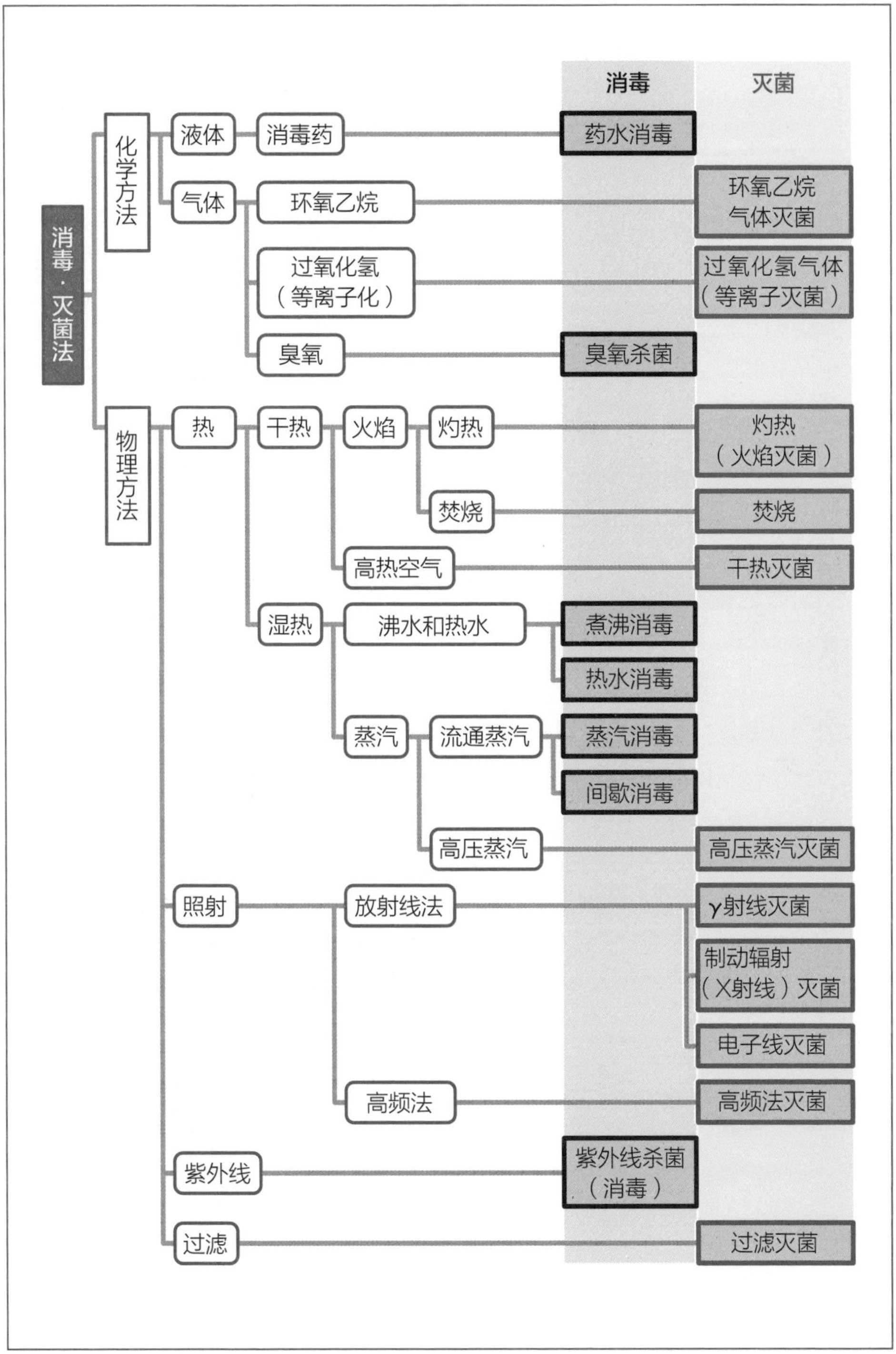

消毒
灭菌
消毒·灭菌法
化学方法
液体
消毒药
药水消毒
气体
环氧乙烷
环氧乙烷气体灭菌
过氧化氢（等离子化）
过氧化氢气体（等离子灭菌）
臭氧
臭氧杀菌
物理方法
热
干热
火焰
灼热
灼热（火焰灭菌）
焚烧
焚烧
高热空气
干热灭菌
湿热
沸水和热水
煮沸消毒
热水消毒
蒸汽
流通蒸汽
蒸汽消毒
间歇消毒
高压蒸汽
高压蒸汽灭菌
照射
放射线法
γ射线灭菌
制动辐射（X射线）灭菌
电子线灭菌
高频法
高频法灭菌
紫外线
紫外线杀菌（消毒）
过滤
过滤灭菌

专栏

人畜共患病

由于森林砍伐造成的环境变化和社会变化，人与动物之间的物理距离缩短了，接触的机会也增加了。在人类和非人类脊椎动物中同时发生的传染病叫作人畜共患病。

兔热病是由野兔杆菌引起的一种人畜共患病。接触野生动物（例如野兔）会导致高病死率。在20世纪20年代，日本医生大原八郎从野兔身上分离出了这种细菌，并用这种细菌感染了他的妻子，证明了它是引起这种疾病的病原体。

社会环境的变化也可能导致人畜共患病。听说由于出生率下降，养宠物的家庭数量正在增加。猫和狗可以传播癣疾。宠物和家人是一样的，但是为了彼此舒适地生活，也必须注意避免亲密接触（口腔转移）和及时处理宠物身体的排泄物和尿液。

细菌、真菌、病毒和原虫是人畜共患病的病因，它们的数量超过100种。例如，细菌包括巴尔通体（猫抓伤病），真菌包括隐球菌（隐球菌病），病毒包括流感病毒（流行性感冒），原虫包括弓形虫（弓形虫病）。

……!?
什么?……
!
))))

第5章

细菌学理论

细菌的特征和致病性

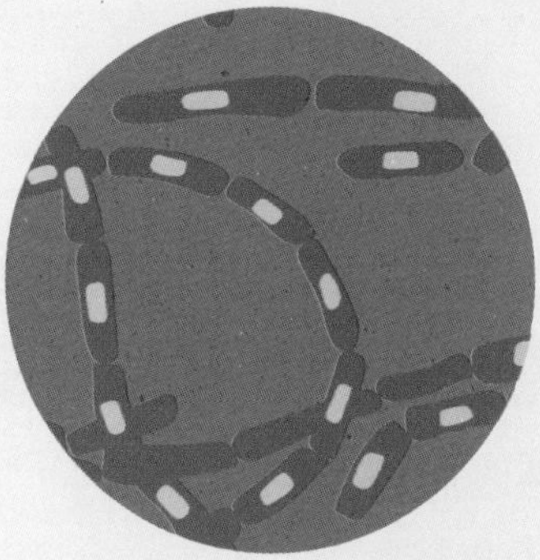

Chapter 5-1

像葡萄一样的细菌

在拉丁语中，葡萄串（Staphylo）和球菌（coccus）的意思

顾名思义，葡萄球菌（*Staphylococcus*）之所以被如此命名，是因为该菌属在染色时看起来像一串葡萄。葡萄球菌有30多种，但向人类展现出致病性的典型细菌有金黄色葡萄球菌和表皮葡萄球菌。两者都是人体正常菌群，前者主要存在于鼻腔中，后者存在于皮肤上。

金黄色葡萄球菌对人类有明显的致病性，但表皮葡萄球菌很少显示出致病性。因此，区分这些细菌具有重要的医学意义。在传染病研究领域，习惯以是否存在使血浆凝固的凝固酶来区分。金黄色葡萄球菌产生凝固酶，而表皮葡萄球菌不产生。金黄色葡萄球菌涉及多种疾病，例如传染性脓疱病（传播性），葡萄球菌性热伤性皮肤综合征和中毒性休克综合征。它也是毒素型食物中毒的典型代表。这种毒素是一种被称为肠毒素的蛋白质。在大多数情况下，当与烹饪的人手中的食物混合时，会在摄入后约3小时内发生恶心和严重呕吐。

MRSA成为医院感染的问题

MRSA是耐甲氧西林的金黄色葡萄球菌的缩写，由于抗生素的使用，金黄色葡萄球菌最终已变得具有抗药性。在日本，自1980年以来，这已成为一个问题，MRSA有时会在整个日本蔓延，因此有必要将其视为院内感染的原因而采取措施。尽管甲氧西林这个名称在历史上一直被使用，但MRSA实际上对几乎所有抗菌药物都有抗药性，而不仅仅是甲氧西林。因此，开发出了对MRSA也有效的新型抗菌药物万古霉素和替考拉宁。

然而，依然还是出现了对万古霉素也不起作用的金黄色葡萄球菌（VRSA）。近年来，没有住院记录的健康人也越来越多地感染了MRSA。这被称为社区感染型的MRSA（见44页）。

File 20

葡萄球菌的毒素和疾病

葡萄球菌的毒素和疾病

毒素	疾病名称
溶素、凝固酶	化脓症
肠毒素※	食物中毒
表皮剥脱毒素（SSSS）	葡萄球菌性烫伤样皮肤综合征
溶素、凝固酶	中毒性休克综合征

※**肠毒素**：即使在100℃，加热30分钟条件下仍不会失活。

抗生素无效的MRSA

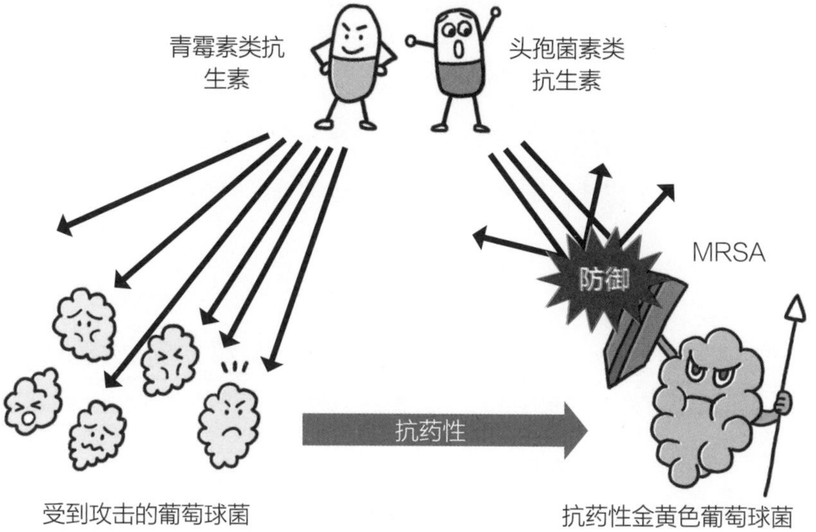

青霉素类抗生素
头孢菌素类抗生素
防御
MRSA
抗药性
受到攻击的葡萄球菌
抗药性金黄色葡萄球菌

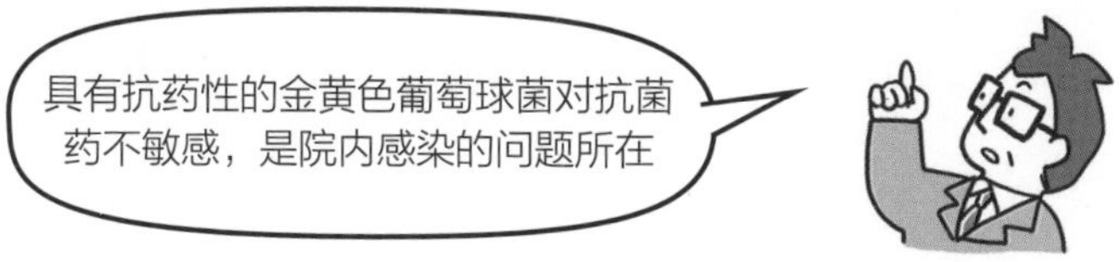

具有抗药性的金黄色葡萄球菌对抗菌药不敏感，是院内感染的问题所在

Chapter 5-2

食人菌——溶血性链球菌感染

为什么称它们为食人细菌

严格来说，没有细菌能吞噬人类。那么为什么要使用这样的名字呢？1987年，美国报道了一种令人震惊的疾病，患者突然休克、发热、手脚剧痛，之后迅速死亡。此后，不仅在欧洲，日本也出现了类似的患者。最初的症状包括四肢疼痛、肿胀、发热和低血压，随后的病情发展非常迅速。在疾病发作后的几十小时内，出现软组织坏死、急性肾衰竭、成人呼吸窘迫综合征、弥散性血管内凝血和多器官衰竭，约30%的患者最终死亡。在分类学上，病因是与引起细菌性咽炎这种极为常见的化脓性链球菌同一菌种的致病菌。由于病原菌存在于坏死部位，因此需要通过外科手术将其去除。由于这种传染病发展迅速，媒体就开始用食人细菌的名称称呼它。但其导致重症化的原因未知。

链球菌因为细胞成链状排列，所以被称为链球菌。当这种细菌在含有血液的琼脂培养基中生长时，可以观察到血液在呈环状溶解。不完全溶解的情况称为 α 溶血，完全溶解的情况称为β溶血。出现这种感染，就是由于β溶血所致。链球菌也是人类皮肤、咽部和口腔中的正常菌群，但也是与最多疾病相关的细菌之一。

表　链球菌引起的疾病

化脓性链球菌	除了金黄色葡萄球菌是细菌性咽炎的致病菌外，化脓性链球菌也很重要。特别是5～15岁的儿童患病较多，它会引起全身发红的猩红热，还会引起导致关节和心脏炎症的风湿热※
肺炎链球菌	大多数肺炎都是由这种病菌引起的
口腔链球菌	这是指常存在于口腔中的链球菌，变形链球菌是蛀牙的主要病因

※风湿热：俗称的风湿是指类风湿性关节炎，这和风湿热是完全不同的两种疾病。

File 21 链球菌相连的过程

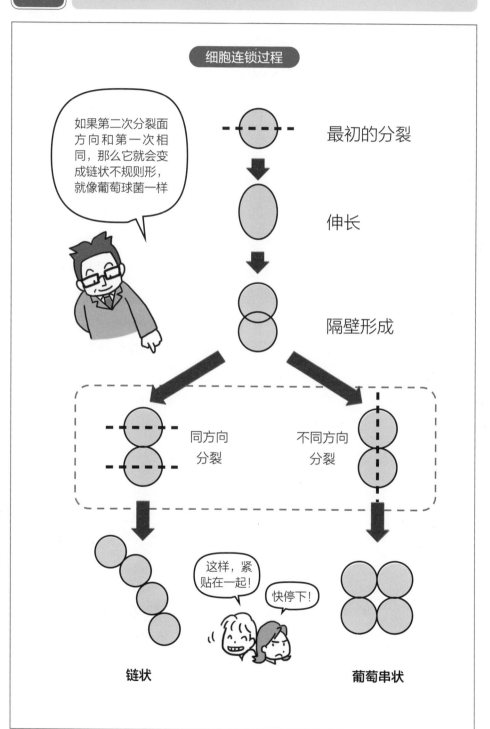

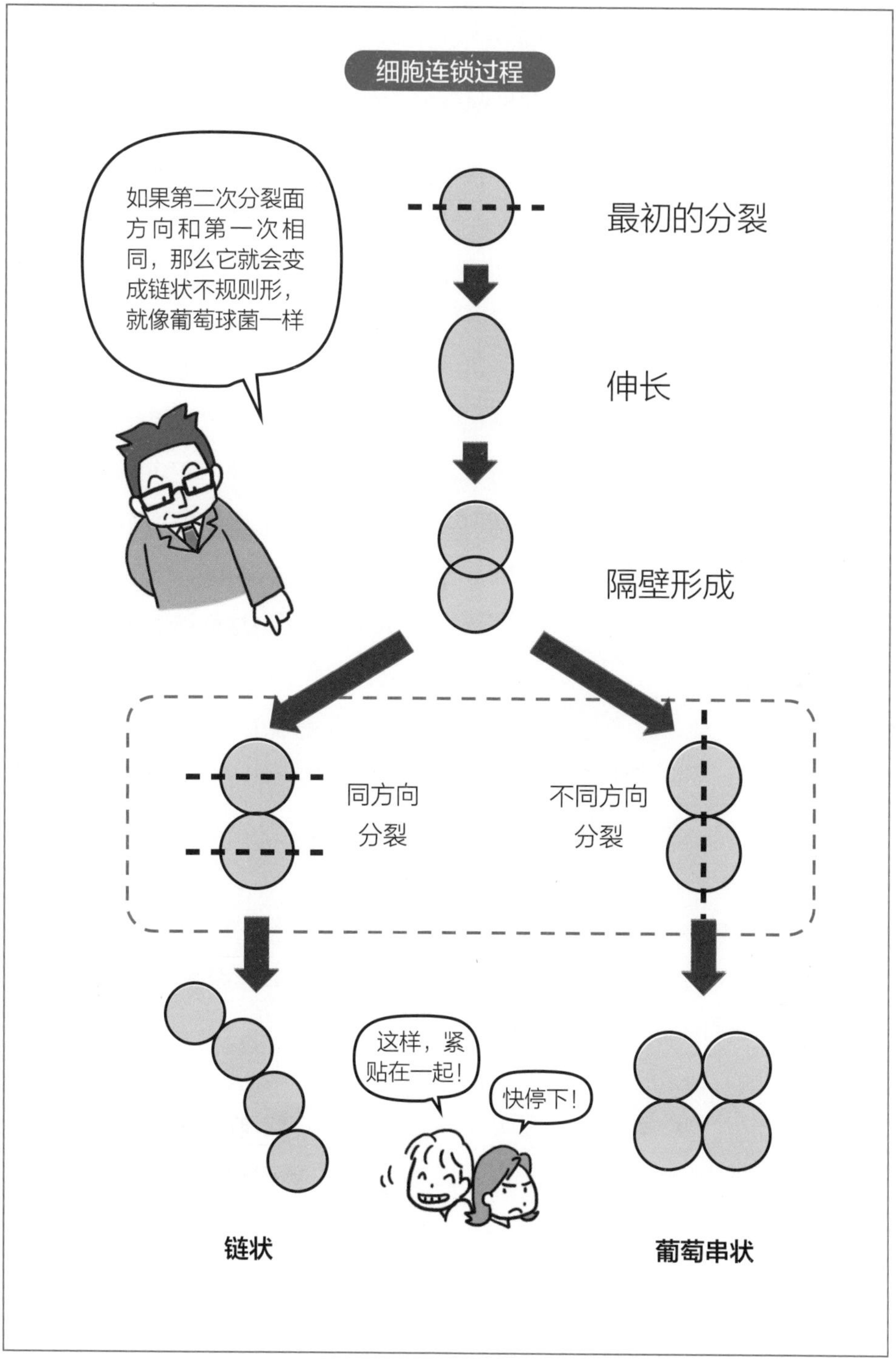
细胞连锁过程
如果第二次分裂面方向和第一次相同，那么它就会变成链状不规则形，就像葡萄球菌一样
最初的分裂
伸长
隔壁形成
同方向分裂
不同方向分裂
这样，紧贴在一起！
快停下！
链状
葡萄串状

Chapter

5-3 引起医院感染的绿色细菌

使用菌毛和鞭毛悄悄靠近的机会主义者

就像父母给孩子考虑名字一样，微生物的发现者也会考虑给它们起名字。拿一个细菌的拉丁语意思和它的特征进行比较，经常会惊讶于它们竟然如此相符。*Pseudomonas aeruginosa*的日语名称是铜绿假单胞菌。“-monas”表示鞭毛，“aeruginosa”表示布满铜锈。换句话说就是“带有铜锈鞭毛的细菌”。这种铜绿的身份是由这种细菌产生的一种叫作黄绿素的色素导致的。该细菌是革兰阴性杆菌，存在于土壤和水等各种环境中，并驻留在人的肠道和皮肤上。

这种细菌具有菌毛和鞭毛，可用于附着在人体组织上。附着后，它会分泌碱性蛋白酶和磷酸酯酶C，并分解组织以侵入人类细胞。此外，它会产生毒素，例如外毒素A和胞外酶S，这些毒素会抑制蛋白质的合成并损害组织。

有趣的是，铜绿假单胞菌生长需要铁。人类体液中的转铁蛋白和乳铁蛋白是与铁结合的蛋白质，铜绿假单胞菌会从此处夺取铁，并将其用于自身营养。

这种细菌不会在健康人群中引起感染，但会在免疫力弱的患者中引起机会性感染。特别是，由于其形成生物膜的高能力，当发生感染时可能无法治愈，会引起尿路感染、呼吸道感染和败血症。此外，它很容易感染白种人的囊性纤维化患者（由于染色体异常而使黏液和分泌物高度黏稠的疾病），从而导致难治性肺炎。青霉素、氨基糖苷类、第三代头孢类和氟喹诺酮类等抗生素虽然有效，但耐药菌的出现变成了医院感染的主要问题。特别是铜绿假单胞菌同时对氟喹诺酮、卡巴培南和氨基糖苷等三种抗生素具有耐药性，被称为多药耐药性铜绿假单胞菌（MDRP），在患者中更可能导致致命感染。

File 22

阻碍人体蛋白质合成的铜绿假单胞菌

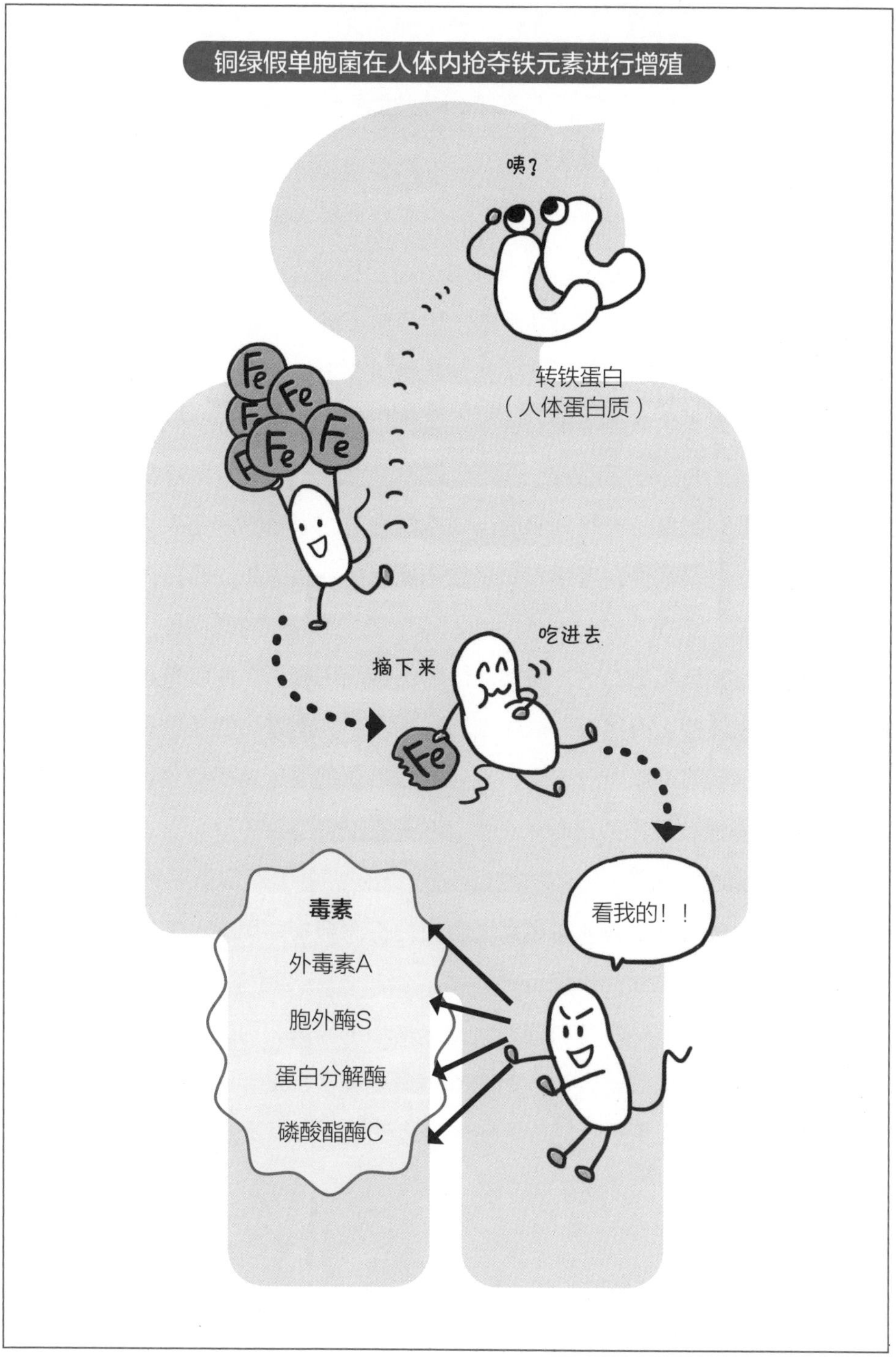
铜绿假单胞菌在人体内抢夺铁元素进行增殖
咦？
转铁蛋白
（人体蛋白质）
Fe
摘下来
吃进去
看我的！！
毒素
外毒素A
胞外酶S
蛋白分解酶
磷酸酯酶C

Chapter

5-4 存活在细胞内的军团菌

是舒适的生活环境引起的传染病吗

1976年，在美国费城举行了一次退伍军人集会，当时有221名客人患了严重的肺炎，其中29人死亡。该疾病以退伍军人的名字被命名为“军团菌肺炎”。此后，正式确定了致病细菌并将其命名为“军团菌”。军团菌是一种革兰阴性杆菌，广泛存在于潮湿的土壤和水系统中。由于它本身很喜欢水生环境，因此也可以栖息在例如冷却塔水，安装在建筑物屋顶上的冷热水供应设备，喷泉和循环浴池水等人工水系环境中。被军团菌污染的水变成微粒（气溶胶）并飘浮在空气中，吸入后会引起感染。潜伏期2～10天，之后开始出现全身不适、头痛、食欲不振和肌痛等症状，然后出现急剧发热，恶寒和肺部炎症。它是一种机会性感染，主要发生在老年人和免疫功能低下的宿主中。军团菌肺炎占社区肺炎的5%左右，并且日本已经有了在温泉中集中暴发的报告。

该细菌的特征是能在负责防御的巨噬细胞当中存活。巨噬细胞是一种吞噬细胞，当病原体侵入人体时，巨噬细胞将其吞噬，通过细胞中的活性氧进行杀菌。但是，军团菌可以通过产生消除这种活性氧的酶（如超氧化物歧化酶和过氧化氢酶）来抵抗机体的这种杀菌作用（细胞内寄生细菌）。在水生环境中，它们可以在阿米巴细胞中一边增殖，一边共存。由于军团菌是细胞内寄生细菌，因此其治疗必须选择能渗透到细胞中的抗菌药物。因此，使用了氟喹诺酮类和大环内酯类抗生素。未经适当治疗，死亡率约为15%，并且可能在一周内死亡。由于军团菌不是正常菌群，而是水系环境细菌，因此抑制被污染气溶胶的产生是一种有效的预防方法。定期进行换水和消毒是非常必要的。因此，可以说军团菌肺炎是为了追求舒适生活而塑造的人工环境所致的感染。

File 23

军团菌的感染途径

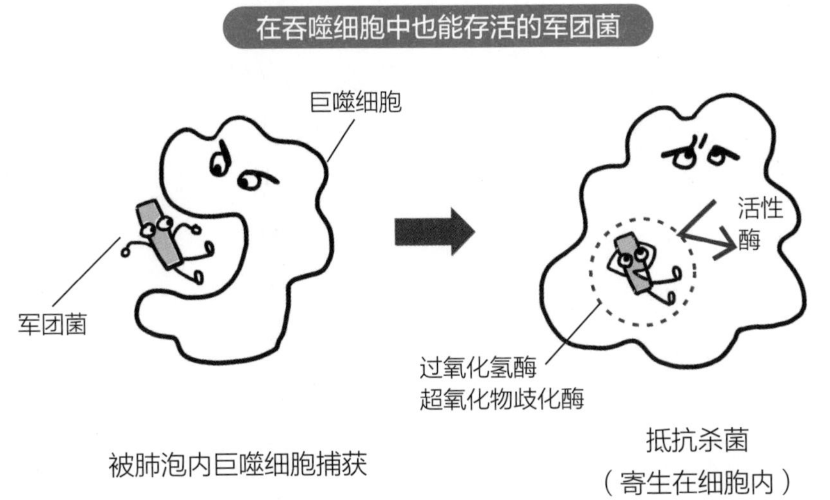

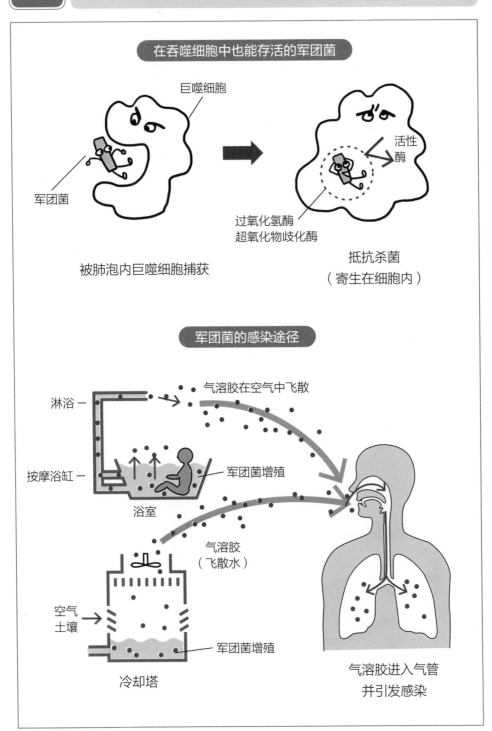

在吞噬细胞中也能存活的军团菌
巨噬细胞
军团菌
活性
酶
过氧化氢酶
超氧化物歧化酶
被肺泡内巨噬细胞捕获
抵抗杀菌
（寄生在细胞内）

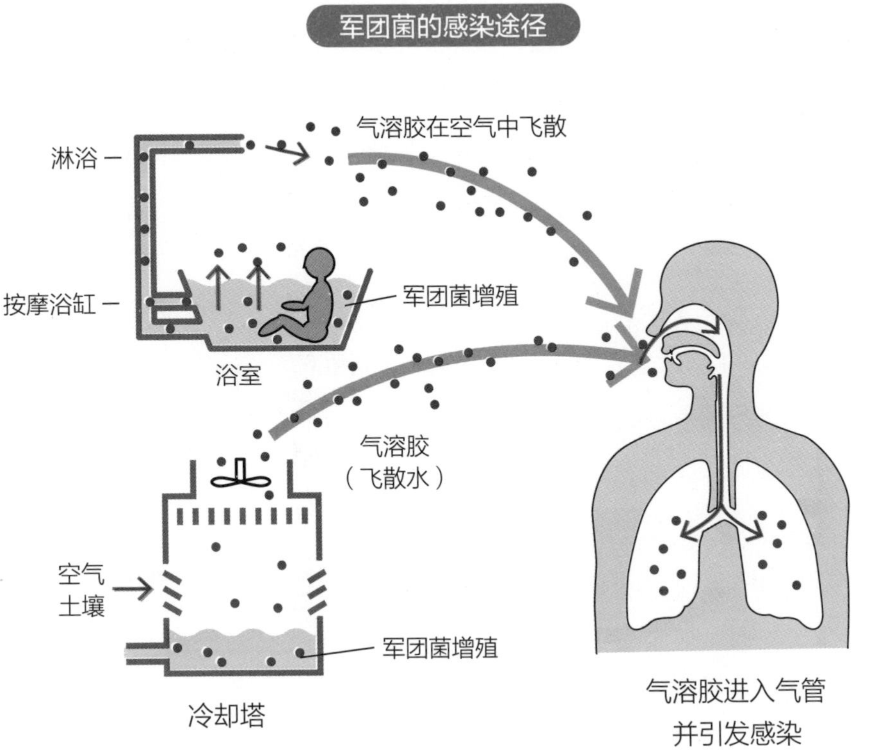

军团菌的感染途径
气溶胶在空气中飞散
淋浴
按摩浴缸
军团菌增殖
浴室
气溶胶
（飞散水）
空气
土壤
军团菌增殖
冷却塔
气溶胶进入气管
并引发感染

Chapter 5-5

持续100天的咳嗽——百日咳

长期凶猛的百日咳杆菌

这是一种以痉挛性咳嗽发作为特征的急性呼吸道感染，大约需要100天才能恢复，因此被称为百日咳，其原因是革兰阴性菌中的百日咳杆菌。

经过7～10天的潜伏期，开始出现普通感冒症状，然后咳嗽次数逐渐增加，程度也变得剧烈。随后是典型的阵发性痉挛性咳嗽（抽搐性咳嗽），持续数周。之后严重的咳嗽发作逐渐减少，但大约需要3个月才能恢复。典型的临床表现是咳嗽剧烈发作，发出呼呼声，面部涨得通红，最后发出大声的呼气和吸气的声音。这种细菌通过飞沫感染附着在上呼吸道，然后在支气管的黏膜上皮细胞中增殖。此时，它利用菌体表面的丝状血凝素、菌毛和被称为百日咳杆菌黏附素的蛋白质附着在人类细胞上。附着后，产生百日咳毒素。这种毒素由A和B亚基组成，B亚基可与人体细胞结合。它可以让白细胞增多，组胺敏感性亢进和促胰岛素分泌的作用，但与咳嗽发作的关系仍未知。

百日咳是包括日本在内的全世界范围内常见的传染病，全世界每年有数千万患者发病，其中有十万人死亡（致死率1%～2%）。其中大部分是发展中国家的婴儿。

大环内酯类抗生素如红霉素和克拉霉素可以用于治疗。疫苗是预防的有效手段，该疫苗是由日本开发，以百日咳毒素和纤维血凝素组成，无须使用菌体。目前世界范围内都在使用包含百日咳疫苗的DPT三重混合疫苗（白喉、百日咳和破伤风）。D是白喉，P是百日咳，T是破伤风。P类百日咳疫苗接种后患者数量有所减少，但是在发达国家，成年人患者数量有所增加。由于该疫苗的免疫持续时间为4～12年，所以到了成年之后，免疫力衰减被认为是其原因。

File 24 百日咳杆菌在支气管黏膜上皮细胞中增殖

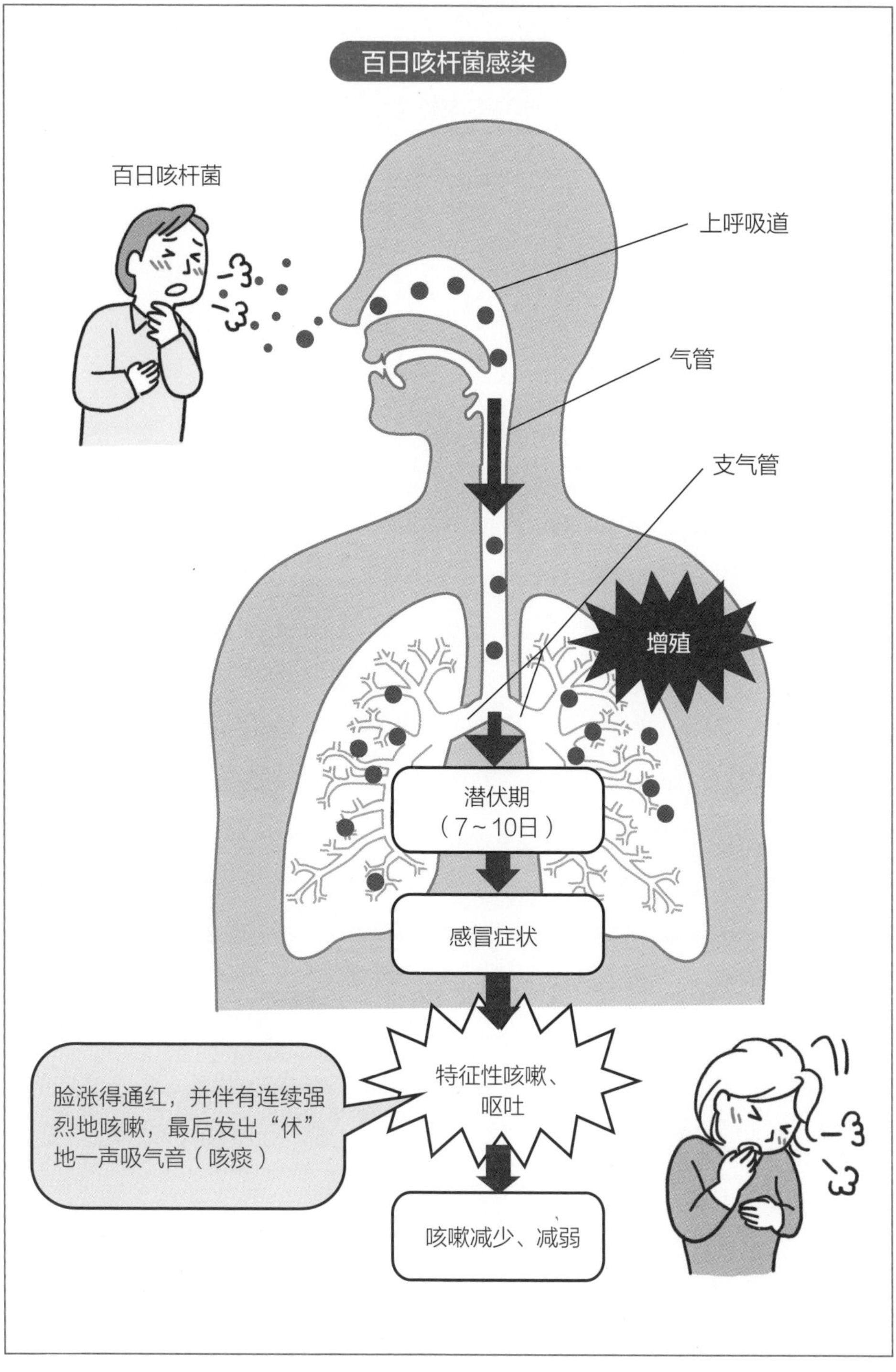

百日咳杆菌感染
百日咳杆菌
上呼吸道
气管
支气管
增殖
潜伏期
（7～10日）
感冒症状
特征性咳嗽、
呕吐
脸涨得通红，并伴有连续强烈地咳嗽，最后发出“休”地一声吸气音（咳痰）
咳嗽减少、减弱

Chapter 5-6

不引起流感的流感嗜血杆菌

学名上被保留“流感”的嗜血杆菌

流感是由流感病毒引起的急性呼吸道感染。不过，有一种与细菌名称相近的流感嗜血杆菌，但它不会引起流感。1892年，科赫门下的一名学生理查德·菲佛从一名流感患者的痰液中分离出了一种革兰阴性细菌，该细菌被认为是流感的病因，并命名为“流感杆菌”（当时也因为发现者的原因又叫菲佛菌）。此后，西班牙流感开始在全球范围内大流行，日本也利用菲佛菌生产了许多疫苗。之后不久，人们发现流感是由病毒引起的，但为了保留其发现的过程，流感嗜血杆菌被命名为“菲佛菌”。“嗜血杆菌”意为喜欢血液。培养这种细菌时，用的是巧克力培养基。虽说称其为巧克力，但不是吃的巧克力，而是把马和兔子的血液加热时变成了巧克力色。

流感嗜血杆菌具有荚膜（15页File05），其抗原性从a到f共有6种类型存在。b型是最具致病性的，b型菌株通常称为Hib。它会引起侵袭性疾病，例如脑膜炎[※1]和会厌炎[※2]。在日本，大多数细菌性脑膜炎是由于Hib引起的，通常会在两岁之前发病。该病始见于发热，可引起痉挛和意识障碍。在世界范围内，每年大约发生300万例严重病例，约有一成死亡。日本每年大约有600名患者。另一方面，也存在没有荚膜的菌株。该菌株从鼻腔侵入并引起急性中耳炎、鼻窦炎、支气管炎和结膜炎。通常，带有荚膜的菌株比不带有荚膜的菌株更具毒性。头孢菌素类药物和新氟喹诺酮类药物可用作治疗药物，但近年来出现了耐药菌。Hib疫苗用于预防。

※1 **脑膜炎**：发生在覆盖大脑和脊髓的保护膜（脑膜）上的炎症，主要由微生物引起。

※2 **会厌炎**：会厌是位于喉头前上方的盖状物，吞咽食物时具有堵住喉头防止食物进入气管的作用，本病指这里发生的炎症。

File 25 不是病毒的流感嗜血杆菌

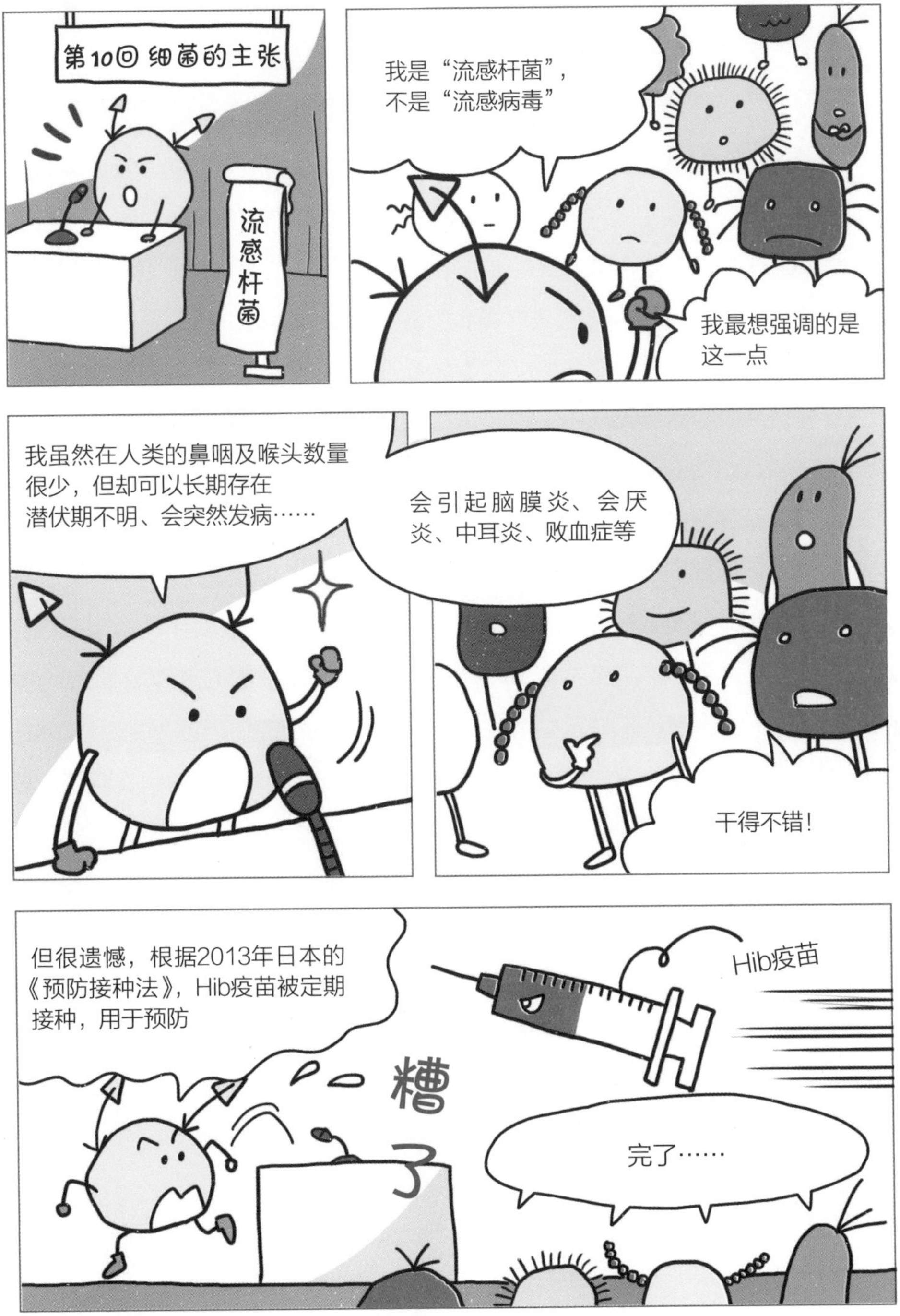
第10回 细菌的主张
流感杆菌
我是“流感杆菌”，不是“流感病毒”
我最想强调的是这一点
我虽然在人类的鼻咽及喉头数量很少，但却可以长期存在
潜伏期不明、会突然发病……
会引起脑膜炎、会厌炎、中耳炎、败血症等
干得不错！
但很遗憾，根据2013年日本的《预防接种法》，Hib疫苗被定期接种，用于预防
Hib疫苗
糟了
完了……

Chapter 5-7

在胃的强酸环境中也不能被消灭的幽门螺杆菌

能在强酸环境中生存，多亏了一种特殊的酶

胃是参与食物消化的重要器官。消化酶胃蛋白酶具有降解蛋白质的功能，胃酸从胃壁分泌出来，具有消化和杀死食品中微生物的作用。胃酸的pH值极高，为1.0～1.5，但由于胃受到胃黏膜的保护，所以本身不会被消化。通常，在这种环境中几乎没有微生物可以生存。但是，革兰阴性细菌幽门螺杆菌（Helicobacterpylori）除外。这种细菌是螺旋形的，有鞭毛，可以在胃中移动。幽门螺杆菌不能生活在大气中，而是需要氧气很少的环境（微需氧量：5%O_2，5%～10%CO_2）。"Helico–"与直升机含义相同，意思是螺旋或转弯。"pylori"是指幽门，即胃的出口，这种细菌就是在幽门区域发现的。1983年，马歇尔和沃伦从慢性胃炎患者的胃黏膜中分离出螺旋杆菌，并认为这可能是胃炎的病因，于是自己喝下了幽门螺杆菌证明了胃炎的发生。后来，两个人由于发现了幽门螺杆菌在胃炎和胃溃疡中的作用，获得了诺贝尔生理学或医学奖。

顺便说一句，幽门螺杆菌是如何在强酸性环境中生存的呢？实际上，幽门螺杆菌本身不能在强酸性环境中生存，而是更喜欢pH值为6～7的中性环境。幽门螺杆菌产生的脲酶会分解胃中的尿素以产生氨。由于氨是碱性的，因此幽门螺杆菌的周围区域被中和，使得成为适合幽门螺杆菌生存的环境。由细菌产生的酶和毒素会对胃黏膜造成损害。

由于幽门螺杆菌存在于井水和河流中，人摄入这种水会引起感染。因此，卫生环境条件和幽门螺杆菌的携带率是相关的。即使在日本，大部分中老年人都是在卫生状况不佳的时候出生的，所以他们携带细菌，但是年轻人的携带率并不高。它可以引起胃炎和十二指肠溃疡，并且也和胃癌相关。

File 26

幽门螺杆菌能在胃中存活

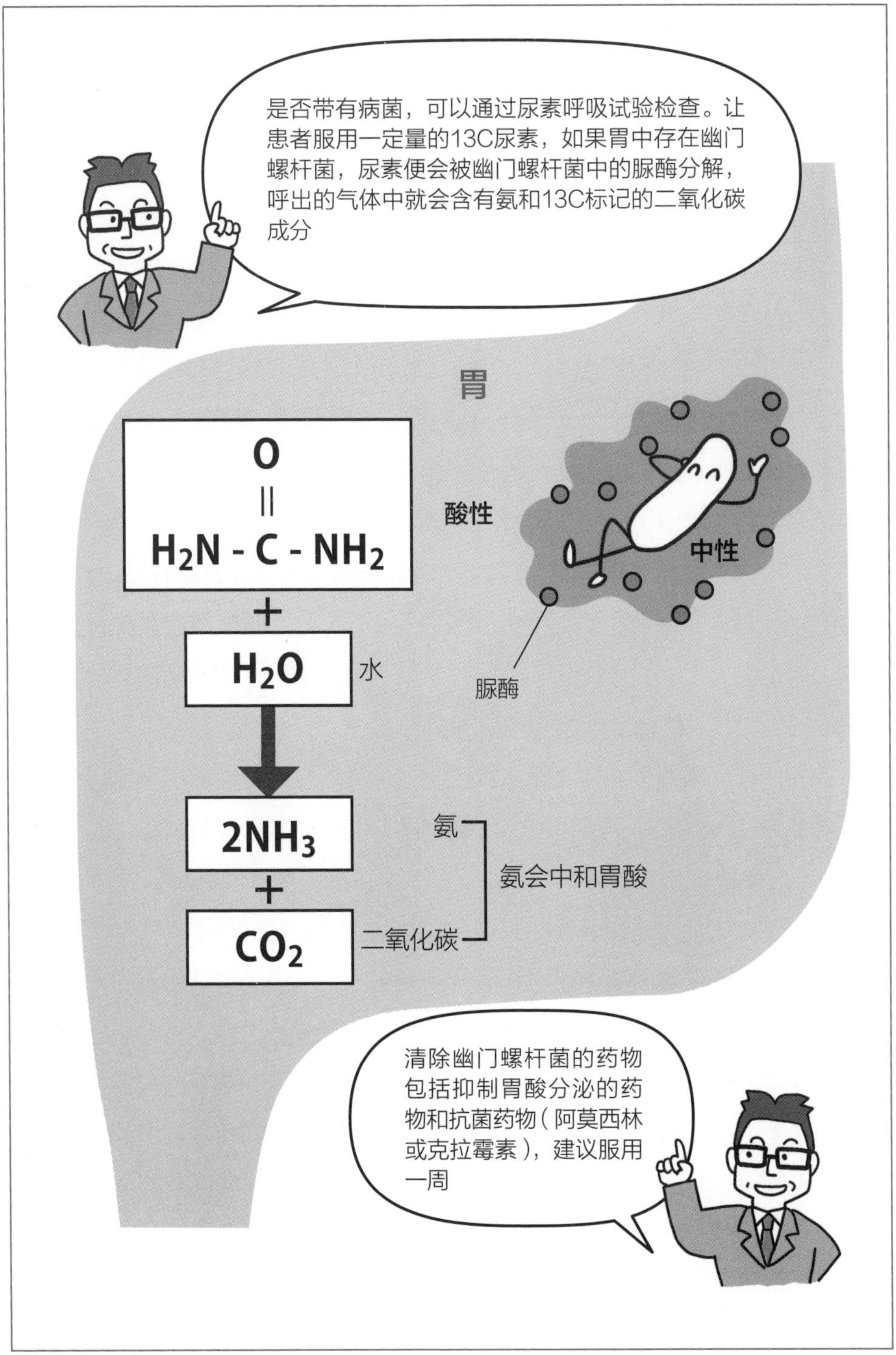
是否带有病菌，可以通过尿素呼吸试验检查。让患者服用一定量的13C尿素，如果胃中存在幽门螺杆菌，尿素便会被幽门螺杆菌中的脲酶分解，呼出的气体中就会含有氨和13C标记的二氧化碳成分
胃
O
||
H2N - C - NH2
酸性
中性
+
H2O
水
脲酶
2NH3
氨
+
CO2
二氧化碳
氨会中和胃酸
清除幽门螺杆菌的药物包括抑制胃酸分泌的药物和抗菌药物（阿莫西林或克拉霉素），建议服用一周

Chapter 5-8

引起腹泻的大肠埃希菌

大家都知道的正常菌群

大肠杆菌是革兰阴性杆菌，是肠道的正常菌群。

埃希里希（Escherichia）是奥地利第一个发现这种细菌的研究人员，所以大肠杆菌也叫大肠埃希菌。说到具有代表性的细菌，每个人都会说大肠埃希菌是被研究最多的细菌，其是正常菌群，但也具有致病性，特别是腹泻型大肠埃希菌。在了解它的致病性之前，让我们先了解一下大肠埃希的血清分型。血清型是根据微生物细胞表面抗原（糖和蛋白质）的结构差异分类的菌株类型。这与根据人体的血液型和红细胞的表面抗原构造的差异进行分类的想法是完全一致的。肠内细菌有四个抗原（O抗原、H抗原、K抗原和F抗原）。大肠埃希中，有O、H、K三种抗原，细分下，O抗原的数目约为200，如果是3号，则将其标记为O3。此外，由于K抗原和H抗原的数目也很多，因此可以通过组合数字来表示它们，例如O3：K25：H6。血清分型是重要的信息，因为它能显示出特定病原体的致病性。腹泻型大肠埃希菌大致有五种主要类型。

首先，肠出血性大肠埃希菌（EHEC）O157：H7是典型的。它通过产生志贺样毒素（Vero毒素）来破坏肾小球血管内皮细胞。如果病情变得严重，则会引起溶血性尿毒症（一种破坏红细胞导致溶血并导致肾衰竭和尿毒症的疾病），并可能导致死亡。它在大约100个细胞中发育后就可能发病。之所以这样命名，是因为它会损害非洲绿猴的肾源性吞噬细胞，但由于它类似于志贺菌产生的志贺毒素，因此也被称为类志贺毒素。由于传染源是牛肉或是被粪便污染的蔬菜，所以现在已经为生牛肉设定了安全标准。

接下来，肠产毒素性大肠埃希菌（ETEC）会产生肠毒素，并引起类似于霍乱的水样腹泻。它是发展中国家婴儿腹泻的主要原因。它有一种耐热肠毒素可以在100℃加热20分钟下仍不失去活性，还有一种不耐热肠毒素可以通过在65℃加热30分钟的环境下而失活。

File 27

腹泻型大肠埃希菌有5种类型

大肠埃希菌的抗原构造

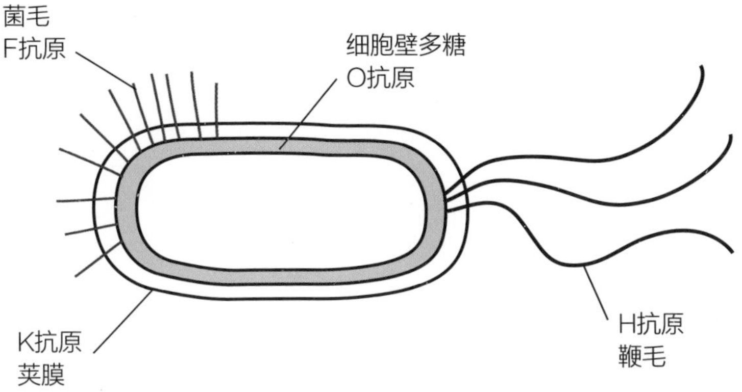

菌毛
F抗原
细胞壁多糖
O抗原
K抗原
荚膜
H抗原
鞭毛

腹泻型大肠埃希菌的种类

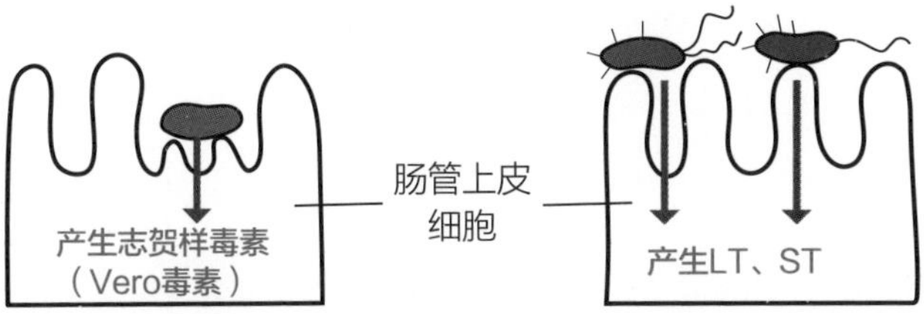

产生志贺样毒素
（Vero毒素）
肠管上皮
细胞
产生LT、ST

肠出血性大肠埃希菌
（EHEC）

在肠管上皮细胞上形成基座，于此定居并产生毒素

肠产毒素性大肠埃希菌
（ETEC）

吸附在肠管上皮细胞上，产生热敏性毒素（LT）和耐热性毒素（ST）

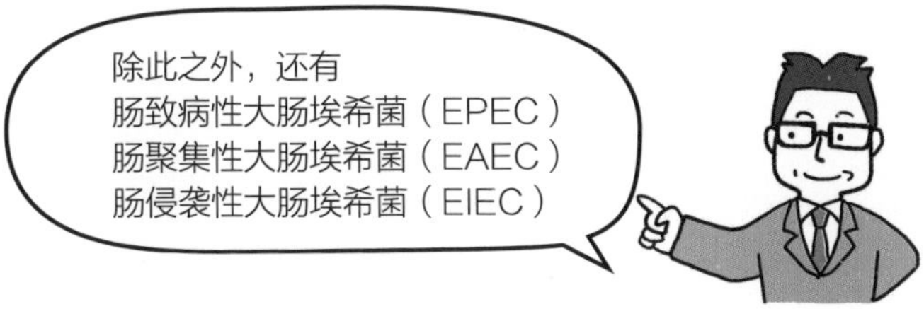

除此之外，还有
肠致病性大肠埃希菌（EPEC）
肠聚集性大肠埃希菌（EAEC）
肠侵袭性大肠埃希菌（EIEC）

Chapter 5-9

曾经在日本也流行过痢疾

虽然随着卫生环境的改善，患者人数有所减少，但是……

细菌性痢疾引起的腹泻是伴有红血丝的一种腹泻，致病菌志贺菌属痢疾志贺菌来源于发现者志贺清。即使到今天，全世界每年仍有超过1亿人受其影响，有100万人死亡。他们中大多数是孩子，许多人在亚洲地区生活，例如印度、印度尼西亚和泰国。在日本，战后大约有10万名患者，现在每年约有1,000名患者。痢疾是从被粪便污染的水和食物中传播的。因此，日本患者人数的减少在很大程度上是由于卫生环境的改善。志贺菌入侵大肠上皮细胞后，它们会使细胞坏死并引起腹泻。典型的症状是有便意却排不出大便和脓性黏液大便。志贺菌有四个菌种，它们都会引起腹泻，其中只有痢疾志贺菌会产生毒素，这种毒素被称为AB毒素，是因为它由具有不同作用的A亚基和B亚基组成。它通过使用毒素的B亚基与人体细胞结合（与受体结合）而进入细胞内。在此，B亚基被分离，只有A亚基进入细胞质。核糖体RNA是蛋白质的合成工厂。其中28S核糖体RNA的第4324号腺嘌呤被切出，从而使核糖体RNA的结构发生变化，中止蛋白质合成，最终导致细胞损伤。由于粪便是传播的主要原因，因此改善卫生环境，洗手和加热可能被污染的食品是最有效的预防措施之一。氟喹诺酮类药物有效，但同时也出现了对多种抗菌剂具有耐药性的耐多药细菌。

痢疾志贺菌属于志贺菌属，大肠埃希菌属于埃希菌属，但是，根据分类学的标准，宜将痢疾志贺菌视为大肠埃希菌的一部分。不过，由于可能会造成医学上的混乱，所以它被赋予了特殊的名称。

File 28

志贺菌属的细胞侵入机制

1 侵入

志贺菌侵入到肠道派尔集合淋巴结中的M细胞内

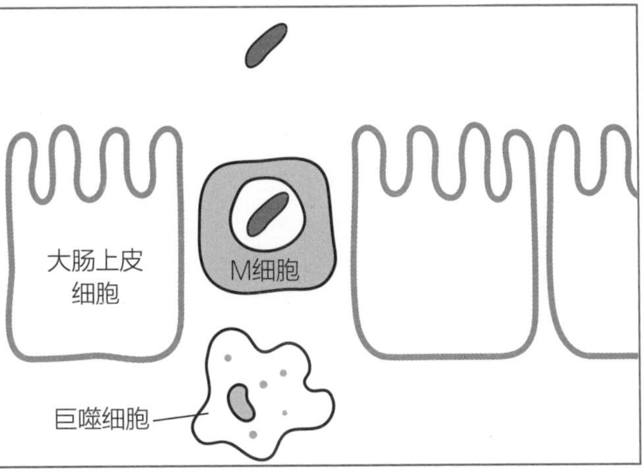

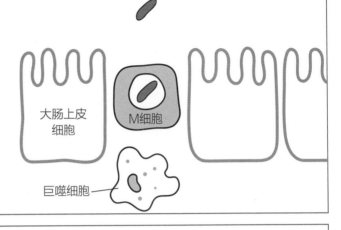

大肠上皮细胞
M细胞
巨噬细胞

2 突破防御机制

被免疫细胞中的巨噬细胞吞噬后，破坏巨噬细胞

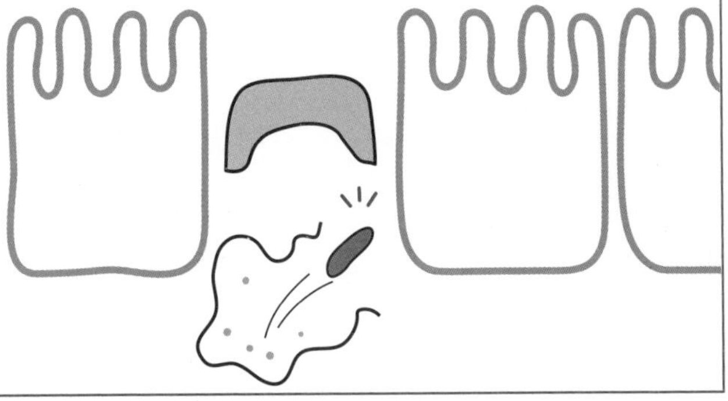

3 侵入其他细胞

让菌体和肌动蛋白相结合，提高细胞内的运动性，从而陆续侵入其他细胞

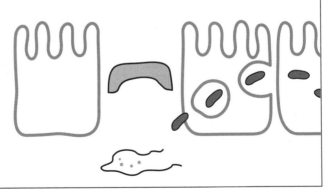

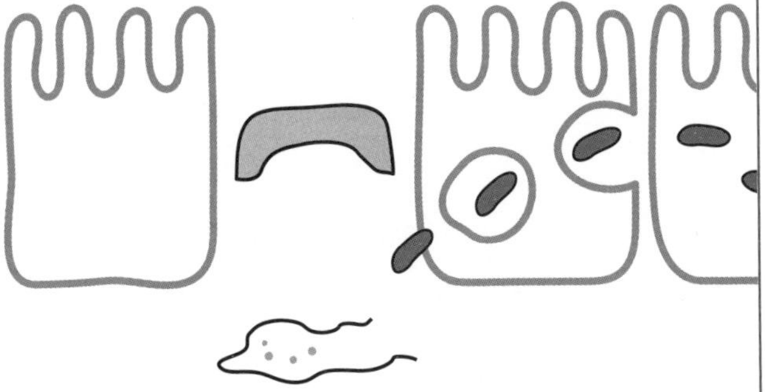

Chapter 5-10

引起伤寒和副伤寒的沙门菌

宿主不一样，细菌的菌型也不一样

伤寒（typhus）是希腊语，意思是因为高热而导致意识模糊的状态。传染源是患者的粪便和被粪便污染的食物。然后，细菌从小肠黏膜下层到达肠系膜淋巴结，再从肠管转移到血液中。潜伏1～3周后，开始发热，体温上升至40℃左右。尽管高热不退，但心动过缓，脉搏并未加快，在30%～50%的患者中可以观察到小红疹（玫瑰疹）和脾肿大这些主要症状，同时还可以观察到便秘或腹泻，在严重情况下会发生昏迷等意识障碍。除日本外，印度、中东、东欧、拉丁美洲、非洲等地区也普遍存在，并反复流行。每年的感染人数达到1,600万，其中大约有60万人死亡。在日本昭和初期每年约有40,000例患者，但如今的病例数为每年10～100人，而且大多数是海外归国者。副伤寒比伤寒症状要轻一些。

沙门菌是带有鞭毛的革兰阴性杆菌。有基于特异多糖抗原的O抗原和基于鞭毛抗原的H抗原，该细菌的血清型超过2,500种。该血清型和疾病类型是相对应的。伤寒和副伤寒的病原菌是肠道沙门菌，但在属名下添加了种和血清型名称。即，肠道沙门菌肠道亚种伤寒血清型（血清型用罗马字形）。血清型也是对宿主有特异性的。伤寒沙门菌仅感染人类，但血清型鼠伤寒沙门菌（S. *Typhimurium*）具有不同类型的疾病，具体取决于宿主。它在小鼠中引起伤寒，但在人类中引起肠胃炎。新氟喹诺酮类抗生素用于治疗伤寒和副伤寒，但也有出现耐药细菌的报告。

除伤寒外，沙门菌还会引起食物中毒。经口感染后6～24小时内会出现急性胃炎，在日本，它一直被认为是细菌性食物中毒的主要原因。感染的主要来源是牲畜和家禽。在日本，鸡蛋引起的食物中毒是一个问题。这有两种情况，一种是卵巢或输卵管被细菌污染，另一种是产卵后细菌附着在蛋壳上所致。这种肠炎可通过加热来预防。

File 29 沙门菌根据不同的血清型引起不同的病症

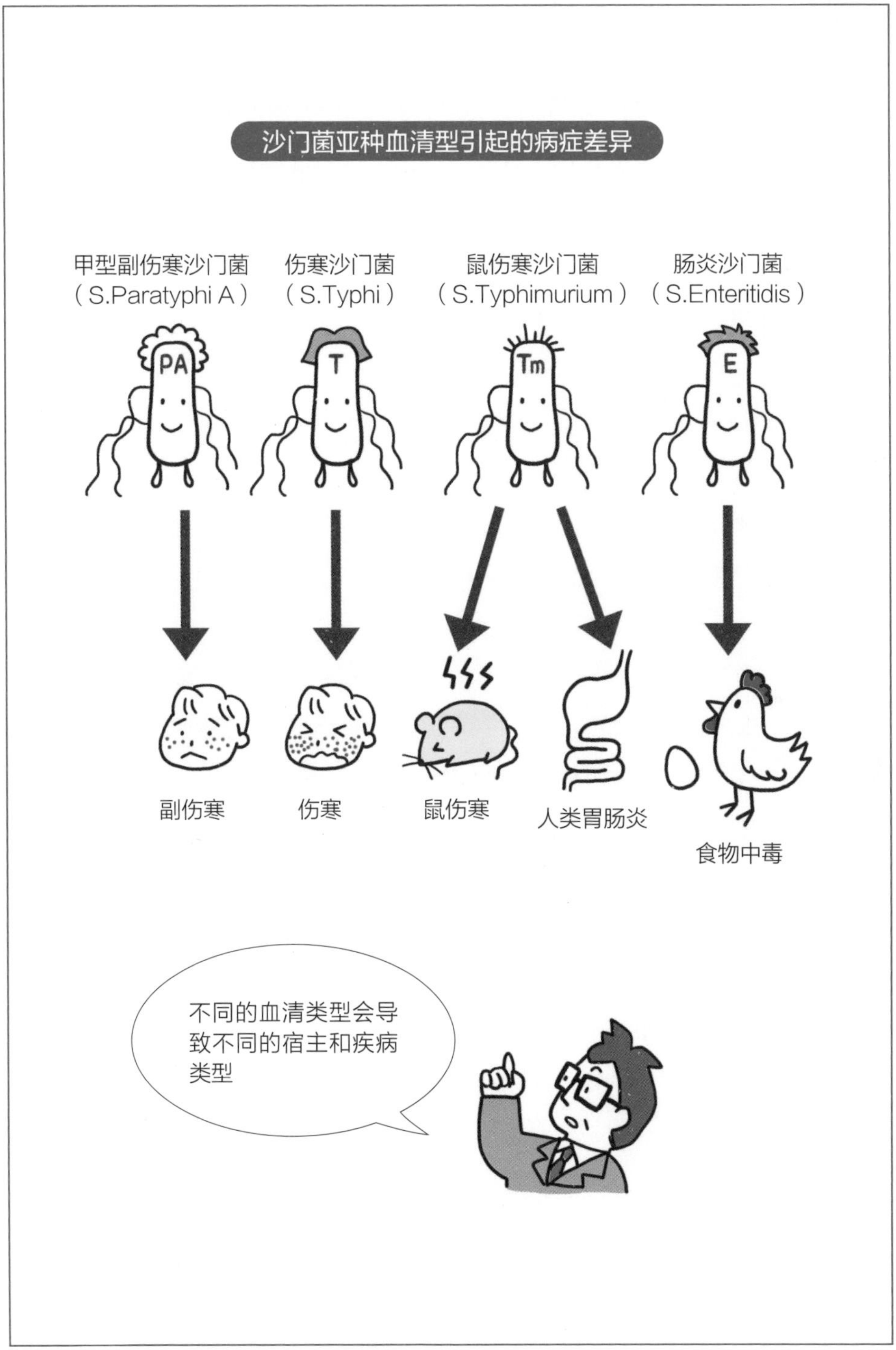
沙门菌亚种血清型引起的病症差异
甲型副伤寒沙门菌
（S.Paratyphi A）
伤寒沙门菌
（S.Typhi）
鼠伤寒沙门菌
（S.Typhimurium）
肠炎沙门菌
（S.Enteritidis）
PA
T
Tm
E
副伤寒
伤寒
鼠伤寒
人类胃肠炎
食物中毒
不同的血清类型会导致不同的宿主和疾病类型

Chapter 5-11

引起严重脱水的霍乱弧菌

抗原组合可以产生160种以上的血清型

霍乱属于弧菌属的革兰阴性杆菌。因为它具有鞭毛并且会活跃地运动，所以其属名是vibration（振动）。并非所有的霍乱弧菌都会引起霍乱。霍乱弧菌的特异多糖抗原为O抗原，鞭毛抗原为H抗原。从这些组合中，已知的血清型超过160种，其中O1群和O139群能引起霍乱。日本厚生劳动省将霍乱定义为由于O1和O139产生霍乱毒素而引起的急性感染性肠炎。从历史上看，霍乱自1817年首次暴发以来，已发生了7次全球性流行。由于1992年印度的暴发是由于O139，因此认为O139引起的霍乱是一种新发传染病。

霍乱弧菌经口感染，经过1天的潜伏期后，以腹泻为主要症状发病。严重的情况，患者开始是焦虑，然后出现腹泻和呕吐，最后是休克，期间发生大量的水样腹泻和呕吐。这种腹泻的粪便很像“米泔水”，颜色为白色至灰白色，每天的量达到几升至几十升。随着大量液体排出，机体会发生高度脱水，此时眼睛凹陷，脸颊凹陷，出现所谓的“霍乱脸”，以及皮肤干燥且没有弹性的“浣洗妇的手”，还有把腹壁皮肤上拉而无法恢复的“皮肤帐篷”。未经适当治疗，死亡率可超过60%。通常，不会发热和腹痛。

这种腹泻是由霍乱毒素引起的。这种毒素的A亚基和B亚基各司其职，共同作用，导致腹泻发生。霍乱毒素通过B亚基吸附到小肠然后被吸收到细胞中。之后，仅将A亚基裂解以到达内质网，最后通过激活腺苷酸环化酶，使cAMP水平上升，引起肠黏膜中的水分增加。治疗中最重要的事情是补充水和电解质。服用氟喹诺酮类药物，盐酸四环素或盐酸多西环素可缩短治疗时间。

File 30

霍乱毒素的作用机制

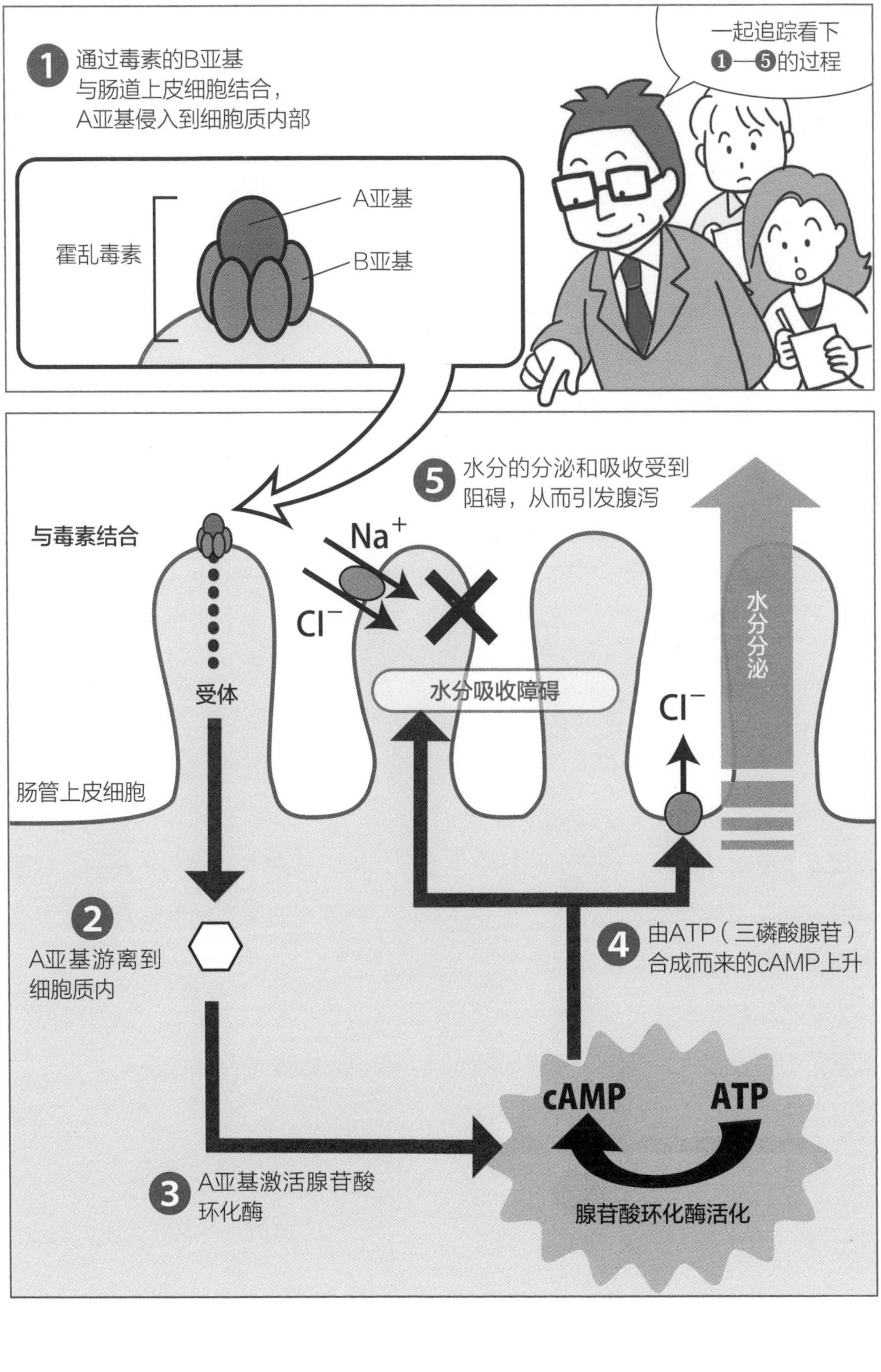

一起追踪看下
❶—❺的过程
❶ 通过毒素的B亚基
与肠道上皮细胞结合，
A亚基侵入到细胞质内部
霍乱毒素
A亚基
B亚基
与毒素结合
受体
肠管上皮细胞
❺ 水分的分泌和吸收受到
阻碍，从而引发腹泻
Na+
Cl−
水分吸收障碍
Cl−
水分分泌
❷ A亚基游离到
细胞质内
❹ 由ATP（三磷酸腺苷）
合成而来的cAMP上升
cAMP
ATP
❸ A亚基激活腺苷酸
环化酶
腺苷酸环化酶活化

Chapter 5-12

含有炭疽芽孢杆菌和蜡状芽孢杆菌的芽孢杆菌属

用于生物恐怖活动的细菌

蜡状芽孢杆菌菌落大，表面粗糙炭疽是由炭疽芽孢杆菌引起的，这些细菌都属于芽孢杆菌属。

芽孢杆菌属是可以形成芽孢的革兰阳性大杆菌。芽孢多存在于芽孢杆菌属和梭状芽孢杆菌属中，是覆盖在菌体外侧的厚厚的外层。由于芽孢具有耐高温和耐干燥的特性，因此即使在100℃下也不能灭菌，用酒精消毒也没有效果。

炭疽芽孢杆菌可以以芽孢的形式长期存在于土壤等环境中。当这种环境中的孢子感染牛和马等食草动物时，就会在动物体内增殖，从而形成炭疽病。人类可通过接触患有炭疽病的动物或受污染的粪便而被感染，但人类之间不会直接传播。炭疽病可分为三种病型：皮肤炭疽病、肠道炭疽病和肺炭疽病。大多数自然感染的是皮肤炭疽。这种细菌不会直接通过皮肤侵入，而是通过伤口侵入身体，严重时致死率为10%～20%。肠炭疽是由于摄入受污染动物的肉引起的。病变见于盲肠，严重情况下死亡率为25%～50%。吸入空气中飞散的芽孢会导致肺炭疽，未经治疗的死亡率超过90%。由于炭疽杆菌的致病性和孢子的持久性，曾被作为一种生物武器被研究。1979年，由于该菌从苏联军事设施泄漏而发生事故导致64人死亡。在2001年美国发生恐怖袭击之后，又发生了邮送炭疽杆菌芽孢的生物恐怖事件。应该注意的是，在皮肤炭疽病的病灶上会形成木炭状疮痂，这也是炭疽病名称的由来。

蜡状芽孢杆菌在自然界中也广泛存在，是食物中毒的致病菌。主要分为以腹泻作为主要症状的腹泻型和以呕吐作为主要症状的呕吐型。腹泻是由于毒素蛋白引起的。

File 31

炭疽菌的芽孢和生命周期

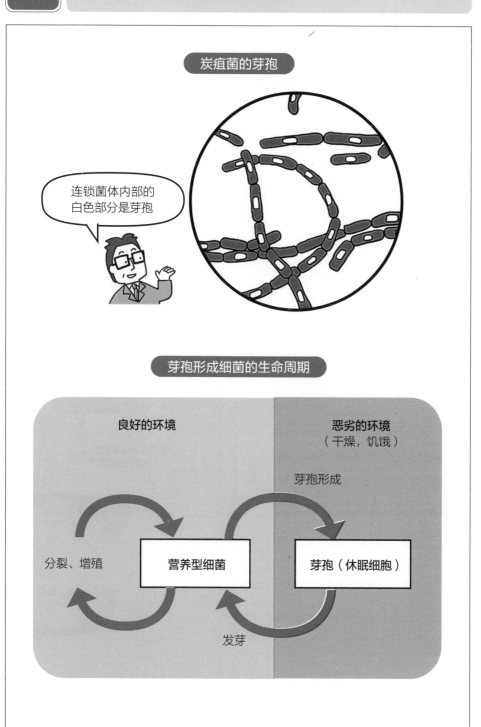

炭疽菌的芽孢

连锁菌体内部的
白色部分是芽孢

芽孢形成细菌的生命周期

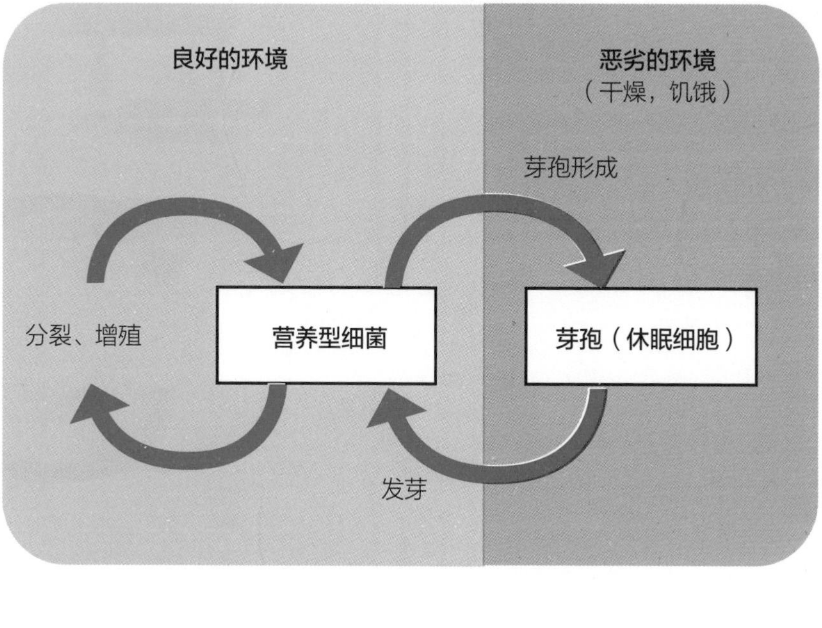
良好的环境
恶劣的环境
（干燥，饥饿）
芽孢形成
分裂、增殖
营养型细菌
芽孢（休眠细胞）
发芽

Chapter 5-13

不能在空气中生存的细菌

需氧菌和厌氧菌

很多人可能会认为微生物没有氧气就无法呼吸，可有些微生物在有氧气的情况下却无法生存，这正好与我们的常识相反。这种细菌被称为“厌氧菌”。代表性的细菌包括厌氧芽孢梭菌和无芽孢厌氧菌。微生物吸收营养并生长时，其食物残渣会产生活性氧。活性氧是破坏细胞的物质，为了排除它，细胞内会产生分解活性氧的过氧化氢酶。化学式为$2H_2O_2$—$2H_2O+O_2$，这意味着此酶可以将活性氧分解为水和氧气。由于需要空气的“需氧菌”可以产生过氧化氢酶，因此它们可以消除细胞内的活性氧。但是，厌氧菌不能产生这种酶，因此一有空气就会死亡。

梭菌属中有几种病原菌。厌氧性食物中毒病菌的典型例子是肉毒梭菌。菌株名称来自拉丁文“botulus”，意为香肠。意思是，由于肠填充物和真空包装的火腿处于厌氧状态，因此这是该细菌优选的环境。生产过程中灭菌不充分会使细菌以持久的芽孢状态存活。而且，该细菌会产生毒素。这种毒素毒性非常强，摄入后8～36小时内就会出现恶心、呕吐、视力障碍、语言障碍和吞咽困难等神经系统症状。严重时会因呼吸肌麻痹而死亡。此外还有破伤风梭菌。这种细菌广泛存在于自然界，例如土壤中，并通过伤口进入人体，然后在体内产生神经毒素，引起强直性痉挛发作。治疗方法是用抗体中和这种毒素。疫苗是预防的有效手段。另外，还有引起食物中毒的产气荚膜梭菌。

File 32

厌氧芽孢梭菌感染

梭菌属带来的感染症

细菌名称	导致疾病	症状
破伤风梭菌 *C. tetani*	破伤风	运动神经活动亢奋、痉挛
肉毒梭菌 *C. botulinum*	食物中毒（毒素型）	神经传导阻断，松弛性麻痹
产气荚膜梭菌 *C. perfringens*	坏疽 食物中毒（毒素型）	创伤部位肌肉坏死 腹泻
艰难梭菌 *C. difficile*	伪膜性肠炎	腹泻、腹痛、发热

需氧菌与厌氧菌

需氧菌
没有氧气就无法存活
芽孢杆菌属和结核分枝杆菌等

兼性厌氧菌
有没有氧气都可以存活
多数的肠内细菌和葡萄球菌等

厌氧菌
有氧气的话则无法存活
厌氧芽孢梭菌和无芽孢厌氧菌

O_2

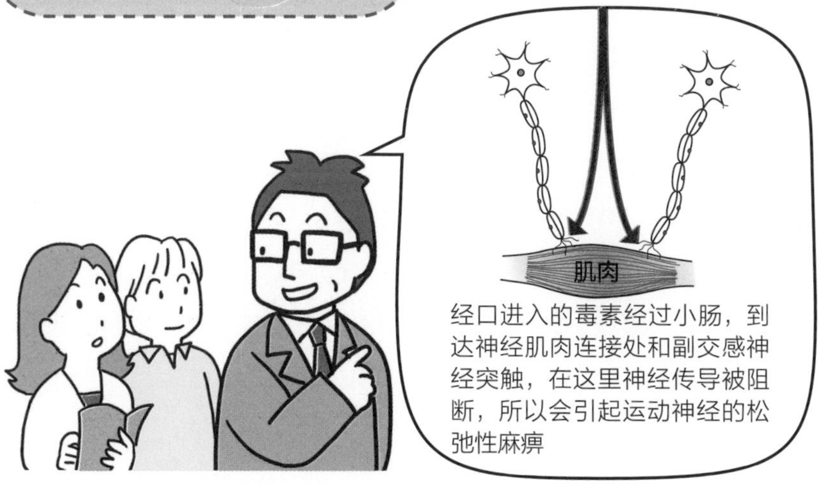
肌肉
经口进入的毒素经过小肠，到达神经肌肉连接处和副交感神经突触，在这里神经传导被阻断，所以会引起运动神经的松弛性麻痹

Chapter 5-14

结核是既老又新的疾病

世界上最严重的传染病之一

结核病的病原菌为结核分枝杆菌，是由近代细菌学之父罗伯特·科赫（Robert Koch）在1882年发现的。根据世界卫生组织的说法，它被列为世界上最严重的传染病之一，每年导致约900万人患病，超过100多万人死亡。在日本，1940～1950年间的死亡原因中，结核病占第一位。但随着抗结核药物的出现，结核病的数量逐渐减少。也因此，有人说“结核病是一种老病”，但自1997年以来患者人数再次增加，政府发布了“结核病紧急情况声明”，提醒人们注意。患者人数曾经一度减少又上升的传染病被称为“再发传染病”。在日本，目前的结核病患病率约为18/100,000，这是西方国家的数倍。

结核分枝杆菌为革兰阳性菌，细胞由富含脂质的厚细胞壁组成。因此，很难染色，但是一旦染色，就很难被脱色。因此，结核杆菌也被称为“抗酸杆菌”。

感染是从吸入肺结核患者的飞沫开始的。当吸入的结核分枝杆菌到达肺泡时，被吞噬细胞中的巨噬细胞所吞噬，但其对吞噬细胞的杀菌作用具有抵抗力。尽管许多患者在感染后多不发病，但结核分枝杆菌却会长期潜伏在体内，有些人在数十年后才会发病。

结核病的治疗如同直接监督下化学疗法一样，是一种通过第三方确认患者已经服用的方法，为的是使药物的作用最大化而不产生耐药菌。作为抗结核分枝杆菌的有效化学治疗药物，异烟肼、利福平、乙胺丁醇、硫酸链霉素和吡嗪酰胺这五种药物都是优先选择的治疗剂。但是，近年来，已经出现了同时对多种药物具有耐药性的“耐多药结核菌”，这已成为世界范围内的严重问题。最有效的预防措施是接种BCG疫苗（卡介苗）。它是结核分枝杆菌的成员，该疫苗是从致病性较弱的结核分枝杆菌中开发出来的。

File 33 结核分枝杆菌长期在人体中潜伏

结核分枝杆菌通过飞沫传播

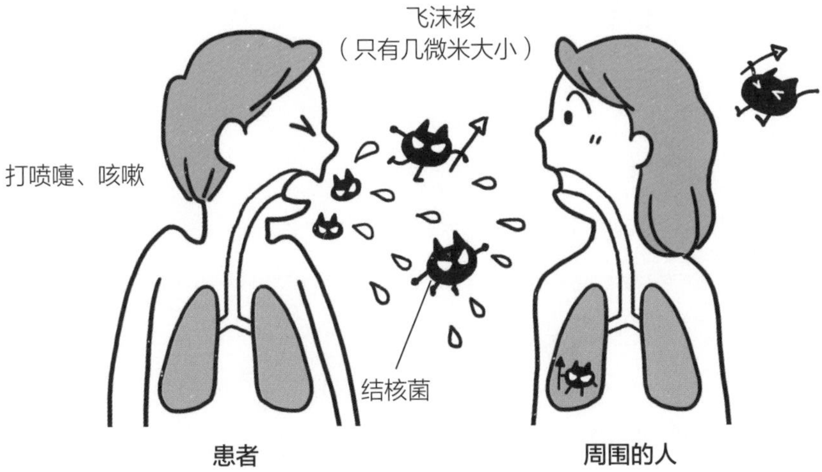

飞沫核
（只有几微米大小）
打喷嚏、咳嗽
结核菌
患者
周围的人

结核分枝杆菌是细胞内的寄生菌

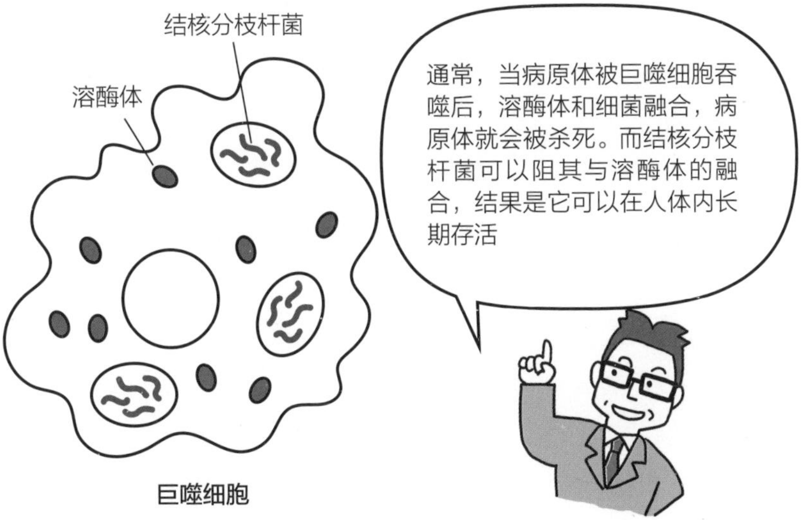

结核分枝杆菌
溶酶体
巨噬细胞
通常，当病原体被巨噬细胞吞噬后，溶酶体和细菌融合，病原体就会被杀死。而结核分枝杆菌可以阻其与溶酶体的融合，结果是它可以在人体内长期存活

Chapter 5-15

无细胞壁的细菌——支原体

基因数量和细胞构成成分都很少的细菌

支原体是最小的微生物，可以在仅含有营养素的琼脂培养基（无细胞人工培养基）中生长。很小意味着拥有的基因数量少。实际上，该属中的某些细菌只有大约500个基因，是金黄色葡萄球菌的1/5。遗传信息少，意味着组成细胞的部件也比其他细菌少。一个主要特征是没有细胞壁，它的形态为球形，细胞质为三层细胞膜覆盖的结构。遗传密码子也已更改。密码子的变化对生物体来说是致命的，但支原体是一个例外。密码子UGA是终止密码子，但支原体将其翻译为色氨酸。对人具有病原性的细菌只有肺炎支原体，它是通过飞沫或接触传播的，但不像流感那样广泛感染，朋友之间的密切接触是更为重要的传染源。感染后，呼吸道如气管、支气管、细支气管和肺泡的黏膜上皮被破坏，咳嗽的特征是持续3～4周。与其他典型的细菌性肺炎不同，这种肺炎不会变得很严重。因此，它被称为“非典型肺炎”，但后来发现这种肺炎大多是支原体肺炎，所以“非典型肺炎”的疾病名称就不再使用了。患病年龄多为婴幼儿期、学龄期、青年期，在7～8岁是一个发病高峰。因为它在1988年奥林匹克运动会这一年变得很流行，所以被称为“奥林匹克热”，但是自1988年以后就没有大的周期性流行了。

在微生物学考试中，“支原体肺炎是用青霉素类还是大环内酯类药物来治疗?”这是个好的问题。这个即使不背答案也能解出来。由于支原体是没有细胞壁的细菌，因此细胞壁合成抑制剂对它不起作用，所以用青霉素类是错误的。通常以大环内酯类的抗生素红霉素、克拉霉素等为首选。

File 34 支原体是偷换遗传密码的细菌

一般情况下，通过终止密码子就可以停止翻译，但涉及支原体的话……

终止密码子
DNA AGA ··· GAT ··· UGA
从这开始，前边不要翻译啦！
STOP

……终止密码子被替换成了其他密码

终止密码子
DNA AGA ··· GAT ···
Trp
哎呀……

Chapter 5-16

需要宿主的立克次体

立克次体引起的疾病

立克次体是革兰阴性杆菌，只能在动物细胞（储存宿主）中生长，并且是通过节肢动物（载体）作为媒介感染人类的。细胞大小为0.3～0.8×0.8～2.0微米，属于小型细菌。这是一种不能在人工培养基中培养的偏性细胞寄生菌，可以在实验室中使用小鼠、豚鼠和兔子等的培养细胞进行培养。立克次体引起斑疹伤寒、斑点热和恙虫病。下面让我们看看立克次体引起的疾病。

1）**斑疹伤寒：**由普氏立克次体引起。储存宿主是人类，传播媒介是人虱。当虱子吸血时，它们会排泄，粪便会通过人类的抓痕而引起感染。潜伏期6～15天，患者出现发热、头痛和起皮疹。感染后因为建立了长期免疫通常不会发生再次感染，但这种细菌可能会留在体内并再次发病（称为布里尔–辛格病）。

2）**斑点热：**由主氏立克次体和日本红斑热立克次体引起。顾名思义，发现地点的名称对应于受影响的区域。与斑疹伤寒不同，储存宿主和传播媒介都不是人类。这种细菌在蜱虫或螨虫体内增殖，通过唾液感染人类。如果在螨虫的卵巢中增殖，细菌会传播到螨虫的后代身上（垂直传播）。经历2～8天的潜伏期后，感染者出现发热和头痛。

3）**恙虫病：**由恙虫病东方体引起。以前，它被归类为立克次体，但现在被归类为东方体属，两个属都属于立克次体。恙虫可以作为储存宿主和传播媒介。 恙虫只在卵中孵化出幼虫时才叮咬人体，吸取人类的组织液，随后便生活在土壤中。发热、焦痂和起皮疹是本病的三个主要症状。

四环素类药物对以上疾病均有效。 立克次体这个名字来自霍华德·泰勒·立克次，他是在研究伤寒中去世的。

File 35

立克次体只能在动物细胞中增殖

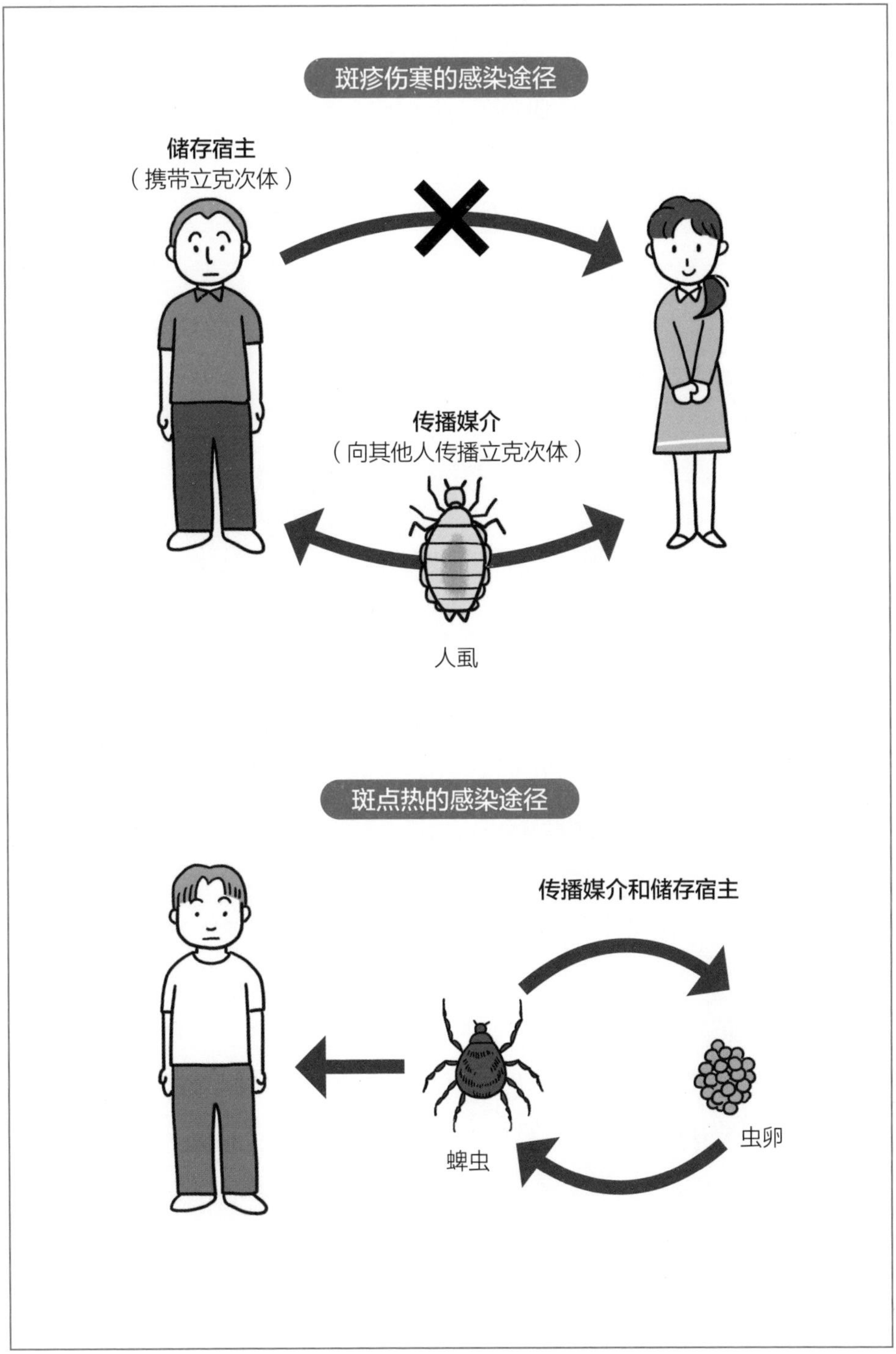

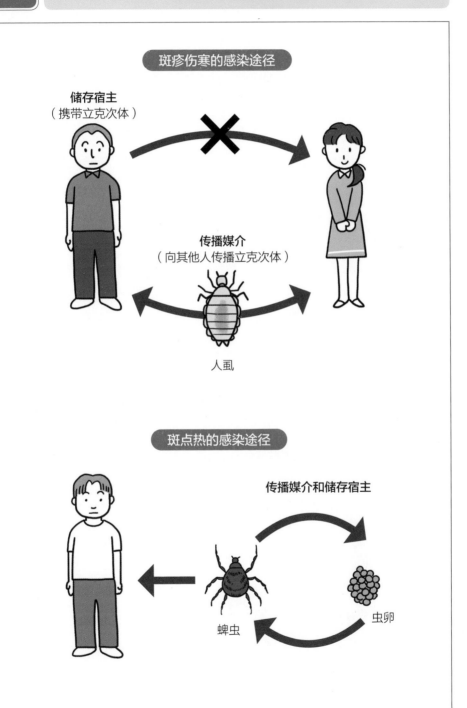

斑疹伤寒的感染途径
储存宿主
（携带立克次体）
传播媒介
（向其他人传播立克次体）
人虱
斑点热的感染途径
传播媒介和储存宿主
蜱虫
虫卵

Chapter 5-17

易在年轻人中传播的性传染病

性传播疾病的现状

年轻人的性体验出现了低龄化趋势，他们的性经验率也在增加。根据2005年在东京推行的一项调查，高中生的性经验率男孩为30%以上，女孩为40%以上。伴随着这种现象，可以推断，罹患性传播疾病的年龄也随之下降。实际上，根据对5,000名高中生的调查研究发现，男孩衣原体感染率约为7%，女孩约为13%。换句话说，大约每10名高中生中就有1人患有衣原体感染。性传播疾病是指通过性活动传播的传染病。由于性传播疾病是英文中的sexually transmitted diseases，因此性传播疾病通常被称为STD（性病）。由于性行为是病因，因此应该对男女都进行治疗。安全套的使用和不与多人性交是最有效的预防手段。按微生物学分类，有由细菌、病毒和原虫引起的性传染病。

1）细菌性性病：最常见的性病是沙眼衣原体引起的生殖器衣原体感染。特别是女性在青少年时期的感染率很高，并且孕妇中有3%～5%是携带者。尿道炎是男性中最常见的疾病，而女性则是宫颈炎。梅毒通过梅毒螺旋体散布于世界各地。该细菌不能在人工培养基中培养，但是可以在兔子的睾丸中培养。症状随时间而变化，分为3周、3个月、3年不等。并且当进一步发展时，症状会出现在中枢神经系统（神经梅毒）。本病青霉素是有效药物。另外，淋病是由淋病奈瑟菌引起的。

2）病毒性性病：在第6章（见96页）中也会提到，有人乳头瘤病毒（HPV）引起的尖锐湿疣和单纯疱疹病毒引起的生殖器疱疹。人类免疫缺陷病毒（HIV）感染在男性同性伴侣中很常见，但也会感染异性。全球有超过3000万人感染。日本的患者人数在世界范围内很小，但问题是它并没有减少。

3）原虫性性病：阴道毛滴虫主要在女性中引起阴道炎和尿道炎（阴道滴虫），可以使用甲硝唑进行治疗。

File 36

性传播疾病的年龄分布和病原菌的种类

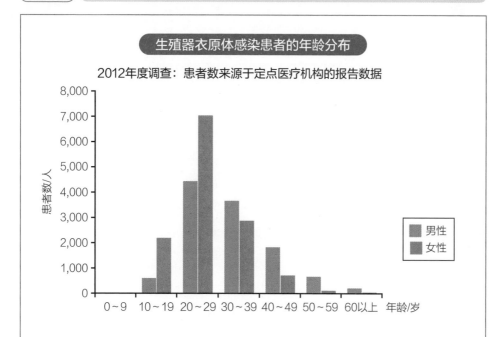

生殖器衣原体感染患者的年龄分布

2012年度调查：患者数来源于定点医疗机构的报告数据

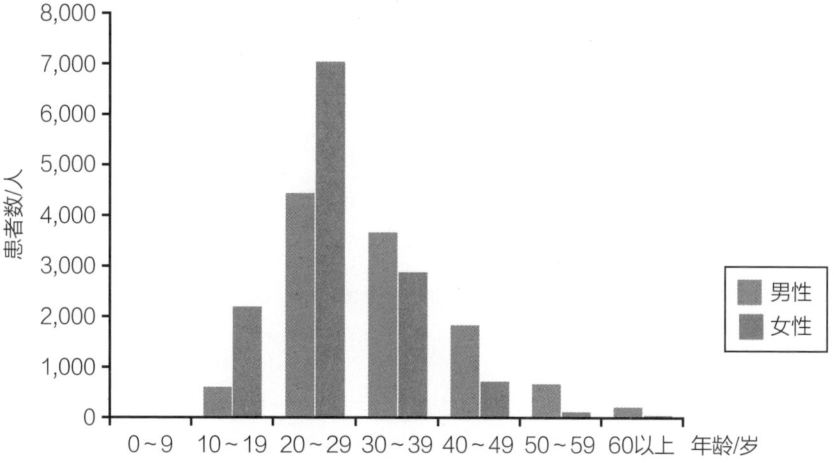

8,000
7,000
6,000
5,000
4,000
3,000
2,000
1,000
0
患者数/人
0～9
10～19
20～29
30～39
40～49
50～59
60以上
年龄/岁
男性
女性

（作者根据日本厚生劳动省2012年度调查统计数据整理）

STD的种类和容易出现病原菌的场所

	精液	阴道分泌液	外阴部	肛门·直肠	粪便	血液	喉	口唇	唾液
衣原体	●	●	●	●	○		●		●
梅毒		●	●	●		○	○	○	
淋病奈瑟菌	●	●	●	●	○		●		●
尖锐湿疣			●	●					
带状疱疹	○	●	●	●			●	●	
HIV	●	●		○		●			
滴虫	●	●	●						

● 多 ● 经常出现 ● 出现过

Chapter 5-18

可作为药品的乳酸菌

自然界和人体内都存在的细菌

乳酸菌是产生乳酸的细菌总称，虽然被广泛使用，但并不是微生物学术语。由于发酵食品被认为是健康的，因此乳酸菌的研究从很早就开始了。乳酸菌是革兰阳性菌，有球菌和杆菌。另外，从乳酸发酵的方法来说，大致可以分为仅产生乳酸的纯乳酸菌和产生除乳酸以外的醇和乙酸的杂乳酸菌。尽管乳酸菌广泛存在于自然界中，但它们也存在于人的肠道、口腔和阴道中，并有助于健康。通常认为与健康有关的乳酸菌是乳酸杆菌属（乳杆菌）、双歧杆菌属和肠球菌属。

1）**肠道中的乳酸菌**：健康人的肠道中存在的乳酸杆菌和双歧杆菌被称为"有益菌"。这是很多经常饮用酸奶的地区人们长寿的原因。由于摄入大量活性乳酸菌，可以改善和维持肠道内菌群平衡（所谓的益生菌）。所以乳酸杆菌酸奶被批准作为特定健康食品，以调节肠道功能。

2）**口腔中的乳酸菌**：口腔中也存在许多乳酸菌。龋齿（虫牙）的病因是变形链球菌，但是也有人认为口腔中的乳酸菌促进了龋齿的发展。

3）**阴道中的乳酸菌**：糖原积聚在健康成年女性的阴道上皮细胞中，乳酸菌通过以这种糖原为营养来生长。乳酸发酵使阴道中的pH值呈酸性，并具有防止外来微生物入侵的作用，为纪念在阴道中发现乳酸菌的人，有时也称其为达德莱林杆菌。

长期服用抗菌药物（尤其是青霉素类、氨基糖苷类、大环内酯类和四环素类药物）可能会破坏患者的肠道菌群，出现腹泻等症状。因此，开发出了乳酸菌制剂作为纠正菌群失调的药物。制剂中包括乳杆菌属、双歧杆菌属和肠球菌属。

File 37

在人的肠道和阴道中工作的乳酸菌

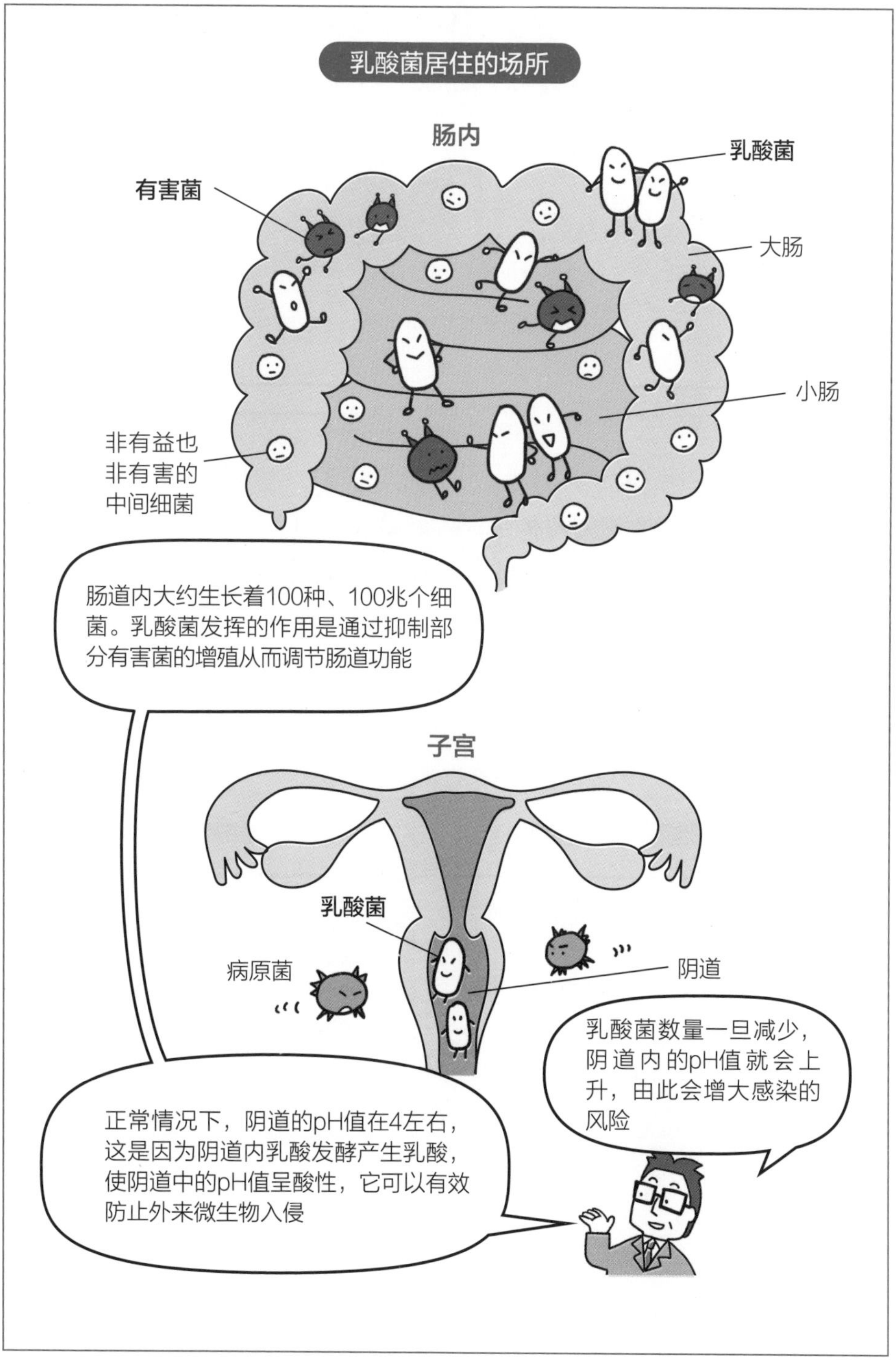

乳酸菌居住的场所
肠内
乳酸菌
有害菌
大肠
小肠
非有益也非有害的中间细菌
肠道内大约生长着100种、100兆个细菌。乳酸菌发挥的作用是通过抑制部分有害菌的增殖从而调节肠道功能
子宫
乳酸菌
病原菌
阴道
乳酸菌数量一旦减少，阴道内的pH值就会上升，由此会增大感染的风险
正常情况下，阴道的pH值在4左右，这是因为阴道内乳酸发酵产生乳酸，使阴道中的pH值呈酸性，它可以有效防止外来微生物入侵

专栏

毒能变成药吗

肠填充物和真空包装火腿会引起食物中毒。这是由病原体肉毒梭菌造成的。这种细菌产生的毒素分为A至G型，其中A型毒性最高，对人体的毒性剂量约为1微克。该毒素通过与神经末梢结合而抑制乙酰胆碱的释放，结果导致肌肉松弛。该作用促进了用于治疗眼睑痉挛的药物的开发。眼睑痉挛是睁眼和闭眼存在异常的状态。

该毒素还可以用于治疗腋窝多汗症。由于产生汗液的汗腺也受神经控制，因此，抑制乙酰胆碱的释放也将抑制神经传递并抑制出汗。无论是眼睑还是腋下都可以进行注射。由于每次注射都要使用少量的纯化毒素代替肉毒梭菌本身，因此没有感染的风险，一次注射可以有效数月。

即使对人类有毒的细菌，也可以通过改变其使用方向让其变得对人类有益，这非常有趣。

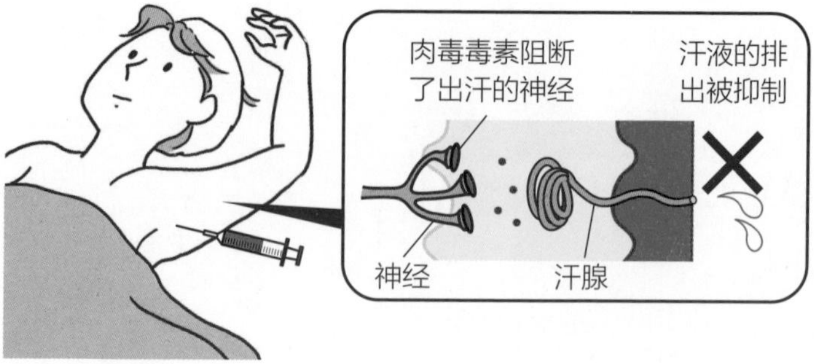
肉毒毒素阻断
了出汗的神经
汗液的排
出被抑制
神经
汗腺

第6章

病毒学

病毒的性状及其对疾病的影响

Chapter 6-1

总论（1）：为了生存的病毒

只有寄生于宿主，才能活下去

如果将微生物定义为小得看不见的生物，则病毒也是微生物。但是，由于病毒不具有细胞结构，仅由核酸和蛋白质组成，因此不一定能说它是生物。可以说，它们是所谓的粒子。而且，由于它们不能自主增殖，必须寄生在人类、动物和其他宿主身上才能生存。病毒具有以下特性。

1）大小为100纳米以下。由于它们比细菌小，所以要用电子显微镜观察。

2）由于它们没有各种代谢途径，因此必须依靠宿主细胞增殖。所以，仅含有琼脂的无细胞培养基不能让它们生长。

3）基因组是DNA型或RNA型。

根据宿主的类型，病毒大致分为动物病毒、植物病毒或细菌病毒（也称为噬菌体）。或者，根据核酸的种类，可以将其分类为DNA病毒或RNA病毒。例如，乙型肝炎病毒是一种DNA病毒，其宿主是人类肝细胞，而甲型肝炎病毒是一种RNA病毒。

病毒的基本结构是核酸（DNA或RNA）周围覆盖着被称为衣壳的蛋白质外壳，或者蛋白质与核酸形成的复合物（核衣壳）。此外，外部覆盖有包衣（89页File38）。整个病毒颗粒称为病毒体。因为它很小，所以它拥有的基因数量从1～100不等，比其他微生物要少得多。

它们大多数是球形的，但也有子弹状（弹状病毒）、二十面体（腺病毒）、头和尾构成的结构，或者像松果一样的形状等，形态丰富多样。

File 38

病毒的结构和种类

病毒的结构

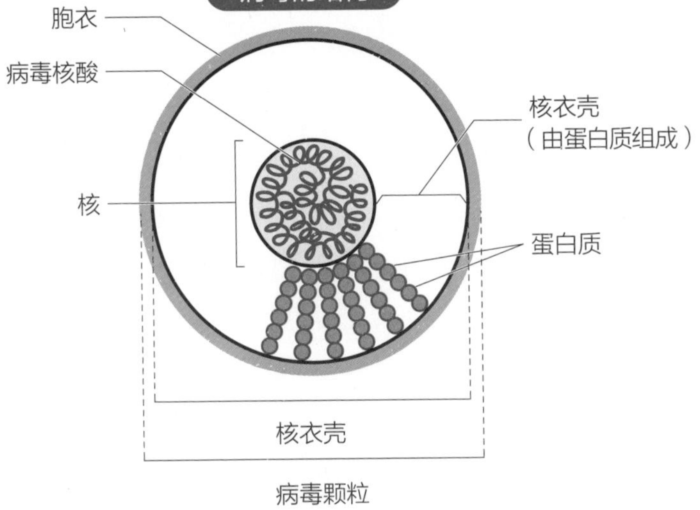

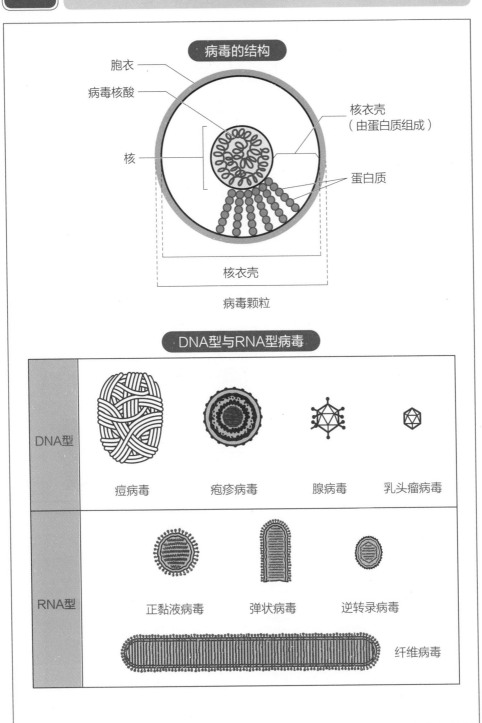

胞衣
病毒核酸
核衣壳
（由蛋白质组成）
核
蛋白质
核衣壳
病毒颗粒

DNA型与RNA型病毒

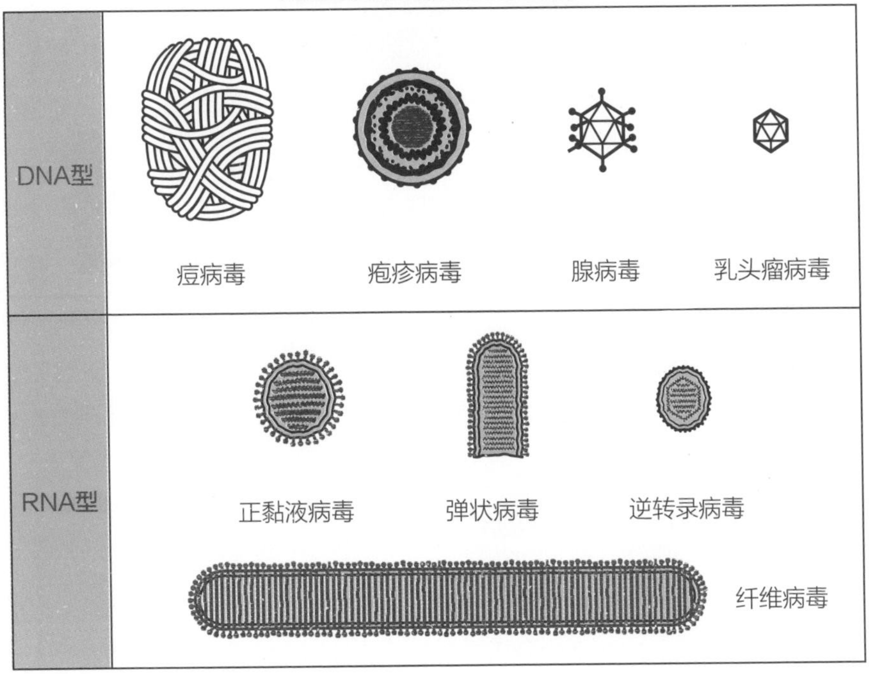

DNA型
痘病毒
疱疹病毒
腺病毒
乳头瘤病毒
RNA型
正黏液病毒
弹状病毒
逆转录病毒
纤维病毒

Chapter 6-2

总论（2）：病毒可以利用宿主的机能存活

病毒增殖的巧妙手段

病毒增殖涉及以下过程。

1）**病毒对宿主细胞的吸附**：这是病毒增殖的第一步。由于病毒识别并结合宿主的特异性受体，因此没有受体就无法结合细胞。例如，人类免疫缺陷病毒（HIV）会与CD4阳性T淋巴细胞结合（见130页）。

2）**侵入宿主细胞**：病毒渗透到宿主细胞中，或者病毒包膜通过与质膜融合而侵入宿主细胞。

3）**脱壳**：除去病毒包膜和衣壳蛋白，仅在宿主细胞中留下病毒核酸。

4）**病毒核酸的复制**：为了产生新的病毒颗粒，必须以病毒的遗传信息为基础，合成和复制蛋白质和核酸。通常，蛋白质的产生是通过将DNA信息转录到RNA上，然后将其翻译为氨基酸而产生的。但是，基因组为RNA的病毒可以直接翻译成氨基酸。HIV基因组是RNA，但有几种罕见的病毒会将RNA信息转录为DNA（称为逆转录※，因为它是对正常现象的逆反应），然后将其翻译为氨基酸。这些反应还会尽可能地利用宿主细胞的功能。例如，从DNA到RNA的转录是通过RNA聚合酶进行的，人类也有这种酶，所以可以直接利用它。人类细胞不会（也不能）像HIV一样将RNA转录成DNA，所以只有病毒本身才能产生这种必需的酶（逆转录酶：RNA依赖的DNA聚合酶）。换句话说，它们利用一切可以利用的，不能利用的就自己产生。

5）**病毒颗粒的成熟和释放**：一旦创造了各种材料，它们便会在细胞内组装并向细胞外释放。

※**逆转录**：在逆转录病毒部分（99页File 43）说明。

File 39

病毒的增殖过程

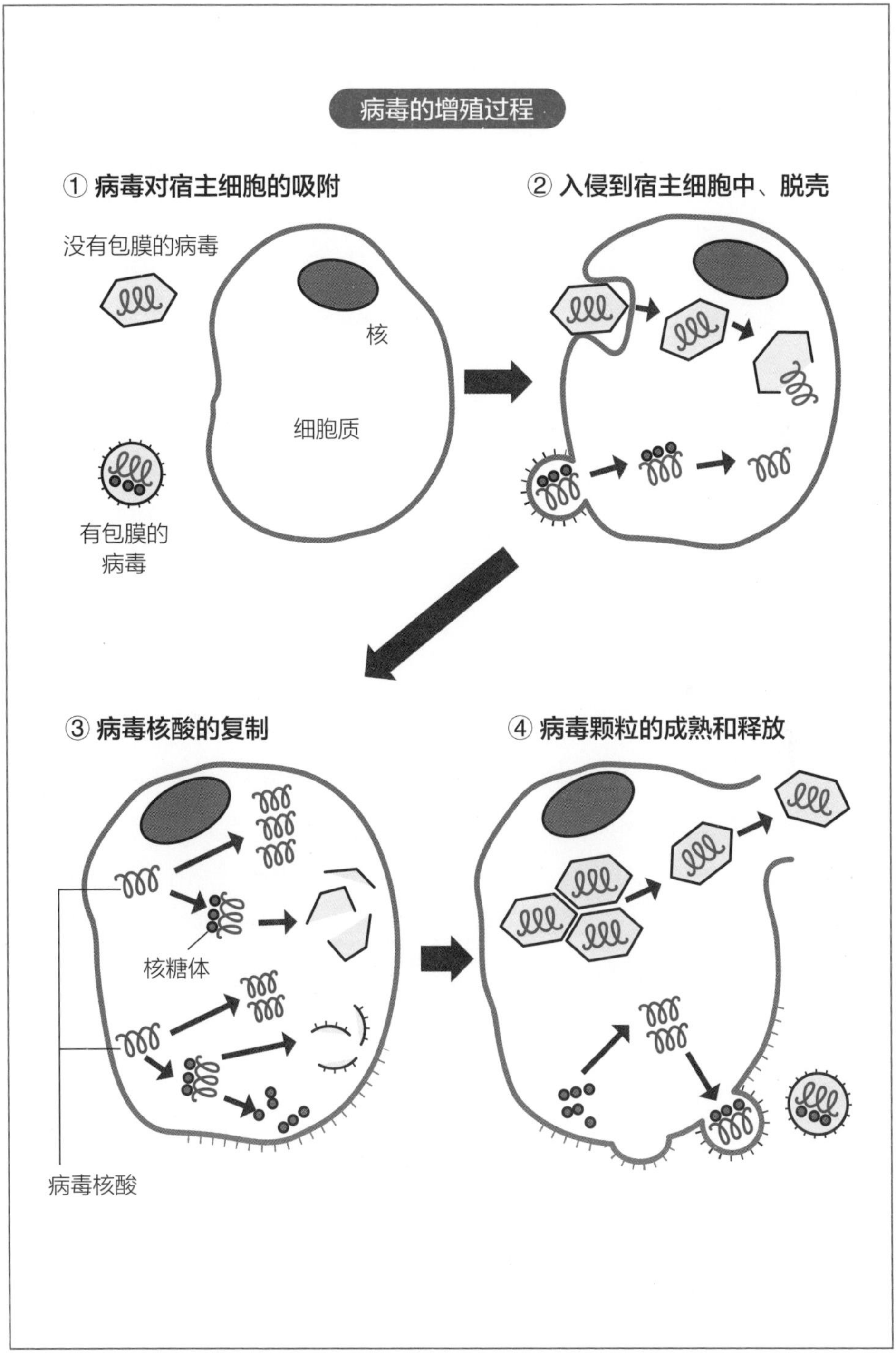
病毒的增殖过程
① 病毒对宿主细胞的吸附
没有包膜的病毒
核
细胞质
有包膜的
病毒
② 入侵到宿主细胞中、脱壳
③ 病毒核酸的复制
核糖体
病毒核酸
④ 病毒颗粒的成熟和释放

Chapter 6-3

从地球上成功根除天花——疫苗的发明

人类与天花之间的长期斗争

天花因其高死亡率和强传染性而困扰了人类数个世纪。在古埃及法老拉美西斯五世的木乃伊上也发现了天花的疤痕。1770年的印度疫情造成约300万人死亡。在日本，明治时代也有数万人死亡。1958年，在世界卫生组织大会上通过了《世界根除天花计划》，1980年，世界卫生组织宣布世界已根除天花。换句话说，人类摆脱了天花的危险。这是由于英国医生爱德华·詹纳于1796年发明了疫苗。当时，英国有4万多人死于天花，有一个传说，那些挤奶和有牛痘的人不会得天花。于是，詹纳给一个男孩接种了牛痘，随后又接种了天花，但男孩没有患上天花。这是发现有效预防措施的历史时刻。牛痘病毒是一种以牛为宿主的病毒，即使感染人类也不会变得很严重。尽管在詹纳时代没有发现病毒，但牛痘病毒和天花病毒都属于痘病毒科，它们的DNA基因组序列非常相似。詹纳的疫苗后来进行了改良并普及全球，因此他也被称为免疫学之父。

天花病毒通过空气传播侵入呼吸道，经淋巴结到达全身的皮肤和黏膜，并出现皮疹。当感染严重的病毒毒株时，其死亡率高达20%～50%。目前，由于该病毒已从地球上被根除，所以很少有人再谈论它了，但重要的是，在历史上它触发了疫苗的发明。顺便说一句，为什么在无法根除的病毒中，仅能根除天花病毒呢？因为该病毒的唯一宿主是人类，并且没有潜伏感染，这样就可以轻松识别患者。另外由于不像流感病毒和HIV那样抗原多样化，所以开发有效疫苗比较容易，这些事实都促成了天花病毒的根除。

File 40

人类历史上首个疫苗的诞生

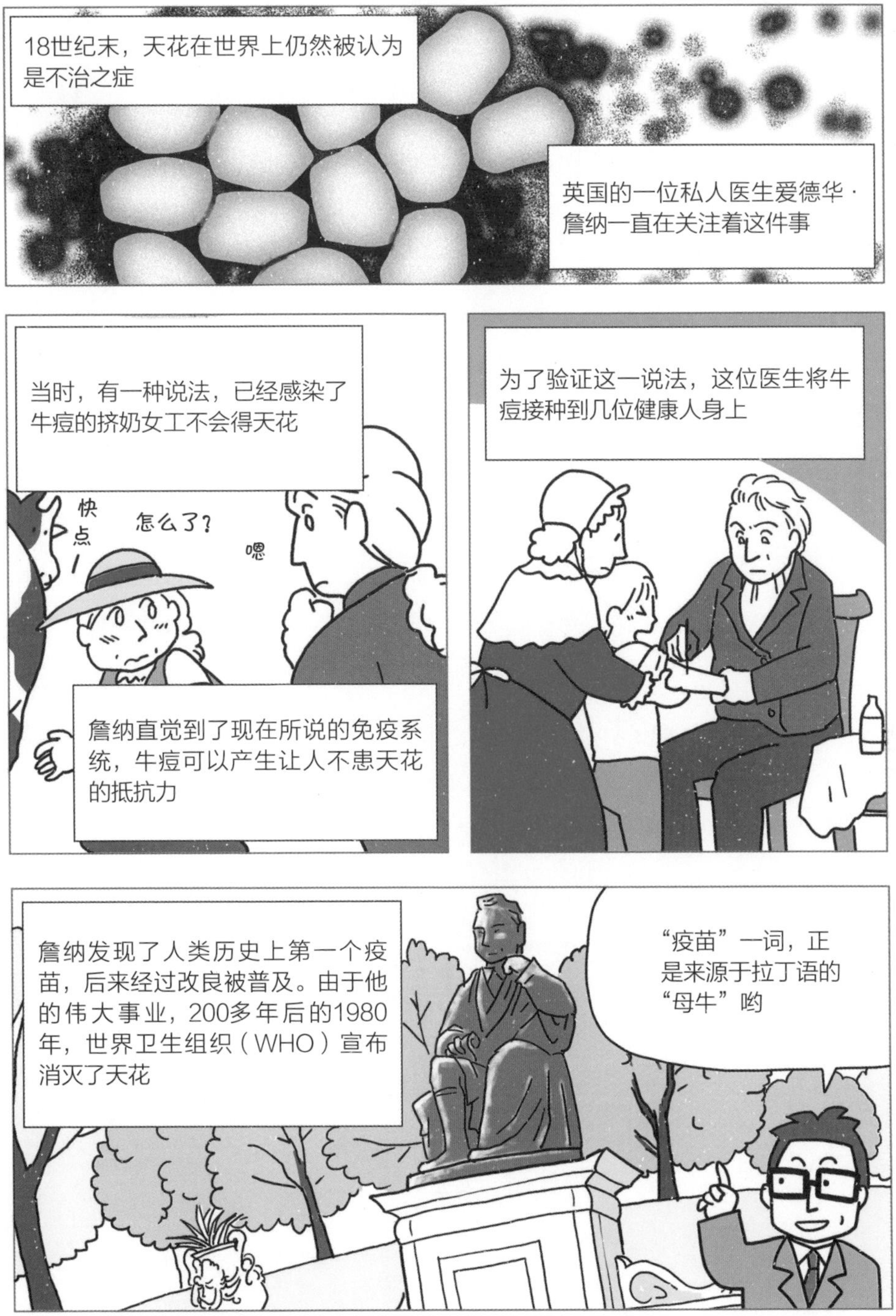

18世纪末，天花在世界上仍然被认为是不治之症
英国的一位私人医生爱德华·詹纳一直在关注着这件事
当时，有一种说法，已经感染了牛痘的挤奶女工不会得天花
快点
怎么了？
嗯
詹纳直觉到了现在所说的免疫系统，牛痘可以产生让人不患天花的抵抗力
为了验证这一说法，这位医生将牛痘接种到几位健康人身上
詹纳发现了人类历史上第一个疫苗，后来经过改良被普及。由于他的伟大事业，200多年后的1980年，世界卫生组织（WHO）宣布消灭了天花
“疫苗”一词，正是来源于拉丁语的“母牛”哟

Chapter 6-4

反复潜伏和激活的疱疹病毒

潜伏感染和再激活

疱疹病毒（HSV）是双链DNA作为基因组的正二十面体结构。感染人类的疱疹病毒有八种类型（HHV，下表），HSV感染的重要特点是潜伏感染和再激活。

HHV-1和HHV-2在局部感染的黏膜（例如口腔）中增殖并形成病变（原发感染）。其后，病毒上行到感觉神经，到达神经节，然后进行潜伏（潜伏感染）。受到情绪等压力时，HHV重新激活，在感觉神经下行，在原发感染部位再次形成病变。这被称为回归发病。HHV-1主要在儿童时期通过唾液传播，HHV-2在青春期后通过性活动传播。

水痘和带状疱疹虽然名称不一样，但实际上是由同一种病毒（HHV-3）引起的。HHV-3从呼吸道黏膜侵入，在肝和脾中增殖，然后在皮肤上形成水痘。其中会发现许多病毒颗粒。即使水痘得到了治愈，病毒仍会潜伏在身体的感觉神经节中，压力会重新激活病毒，导致红斑和水疱形成，并在身体的一侧产生强烈的疼痛。患病年龄多是50岁以上的中年人。HHV-1和HHV-2感染容易复发，但HHV-3感染通常一生一次。

治疗时应使用抗病毒药如阿昔洛韦和伐昔洛韦等。由于这些药物化学结构与疱疹病毒的核酸相似，因此病毒会将其视为自身的材料来吸收，结果DNA的合成就会受到阻碍。

表　疱疹病毒和主要疾病

学名	通用名	主要疾病
HHV-1	单纯疱疹病毒1型	口唇疱疹、角膜疱疹
HHV-2	单纯疱疹病毒2型	生殖器疱疹
HHV-3	水痘带状疱疹病毒	水痘、带状疱疹
HHV-4	EB病毒	传染性单核细胞增多症
HHV-5	人巨细胞病毒	间质性肺炎
HHV-6	人疱疹病毒6型	突发性疱疹、脑炎等
HHV-7	人疱疹病毒7型	突发性疱疹
HHV-8	卡波西肉瘤相关疱疹病毒	卡波西肉瘤

File 41

口唇疱疹的潜伏感染和再激活

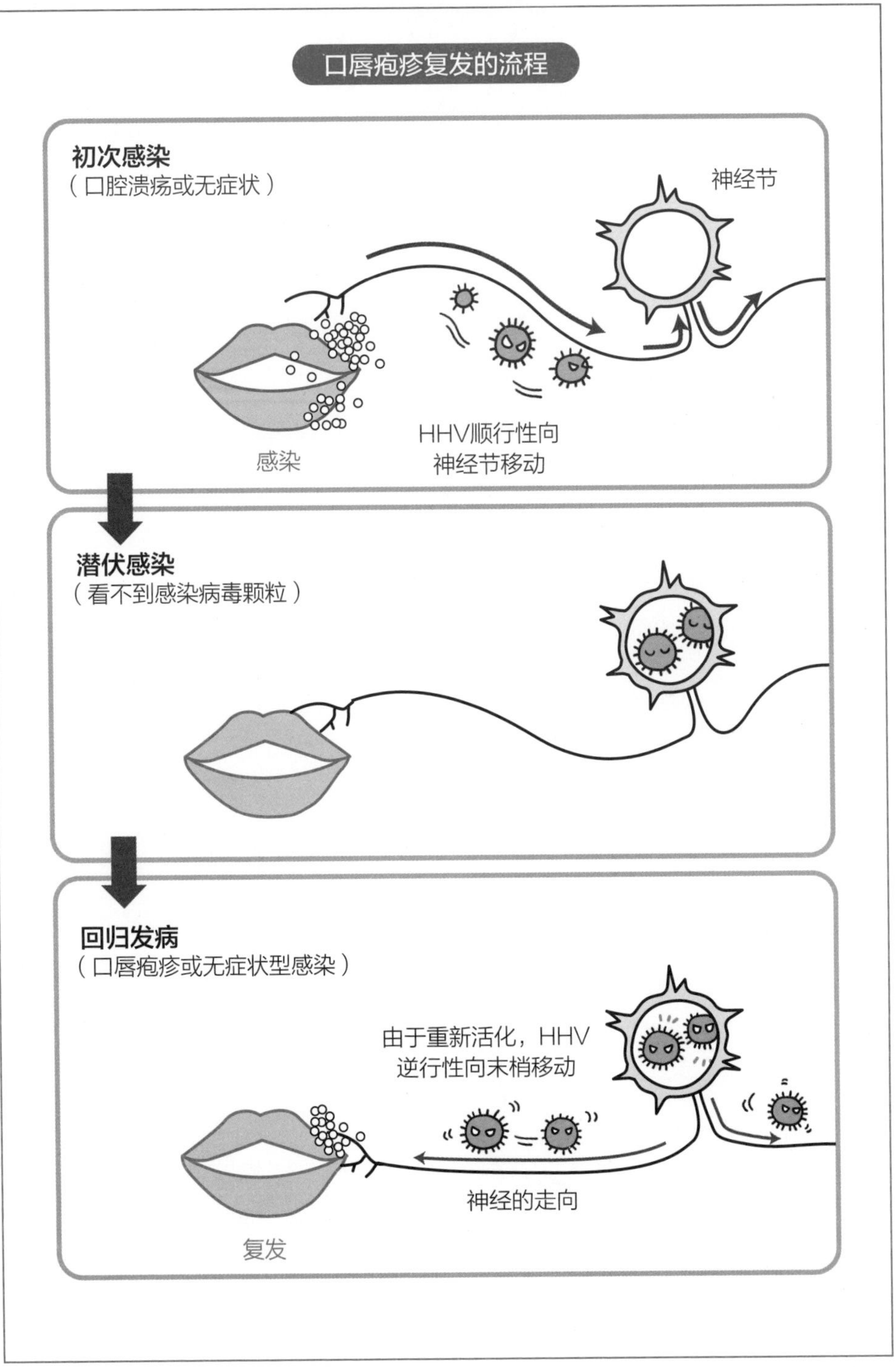

口唇疱疹复发的流程
初次感染
（口腔溃疡或无症状）
神经节
HHV顺行性向
神经节移动
感染
潜伏感染
（看不到感染病毒颗粒）
回归发病
（口唇疱疹或无症状型感染）
由于重新活化，HHV
逆行性向末梢移动
神经的走向
复发

Chapter 6-5

引起宫颈癌的人乳头瘤病毒

皮肤型和黏膜型的区别

人乳头瘤病毒（HPV）基因组由双链环状DNA组成，并显示出正二十面体结构。病毒名称源自希腊语单词papillo-（乳头状）和-oma（肿瘤），即乳头瘤。感染部位是鳞状上皮细胞。

HPV涉及多种疾病，它们对应于100多个基因型（基因组类型）。尽管皮肤型不会恶化，但是黏膜型可能会变成恶性肿瘤，并引起宫颈癌或阴茎癌。由于黏膜感染是通过性活动传播的，因此该疾病被归类为性传播疾病。

1）**黏膜型感染**

· **尖锐湿疣**：在阴茎、龟头、阴唇等处会出现疣状物，但不会恶性化。致病病毒是HPV6型和11型。

· **宫颈癌**：在黏膜型HPV中，存在高危型的基因类型（高风险型）和低危型的基因类型（低风险类型）。超过90%的患者感染的是高危型HPV，其中50%是HPV16型。

2）**皮肤型感染**

· **皮肤疣**：有寻常疣（HPV1～4型）和扁平疣（HPV3、10型）等。它们不会恶性化。

在日本，主要在20世纪20～40年代后期，每年约有1万例宫颈癌患者。即使发生HPV感染，免疫防御机制也可以消除病毒，但是在某些人中，感染仍会持续。宫颈部发生感染后，会发展为宫颈癌。

疫苗可有效预防HPV感染。这是一种重组疫苗，通过纯化HPV16和18型病毒样颗粒而产生。由于它不包含病毒的DNA，因此接种不会引起体内感染。它对宫颈癌和尖锐湿疣有预防作用，但是，也有接种疫苗后产生严重不良反应的报告。

File 42

人乳头瘤病毒的感染和发病

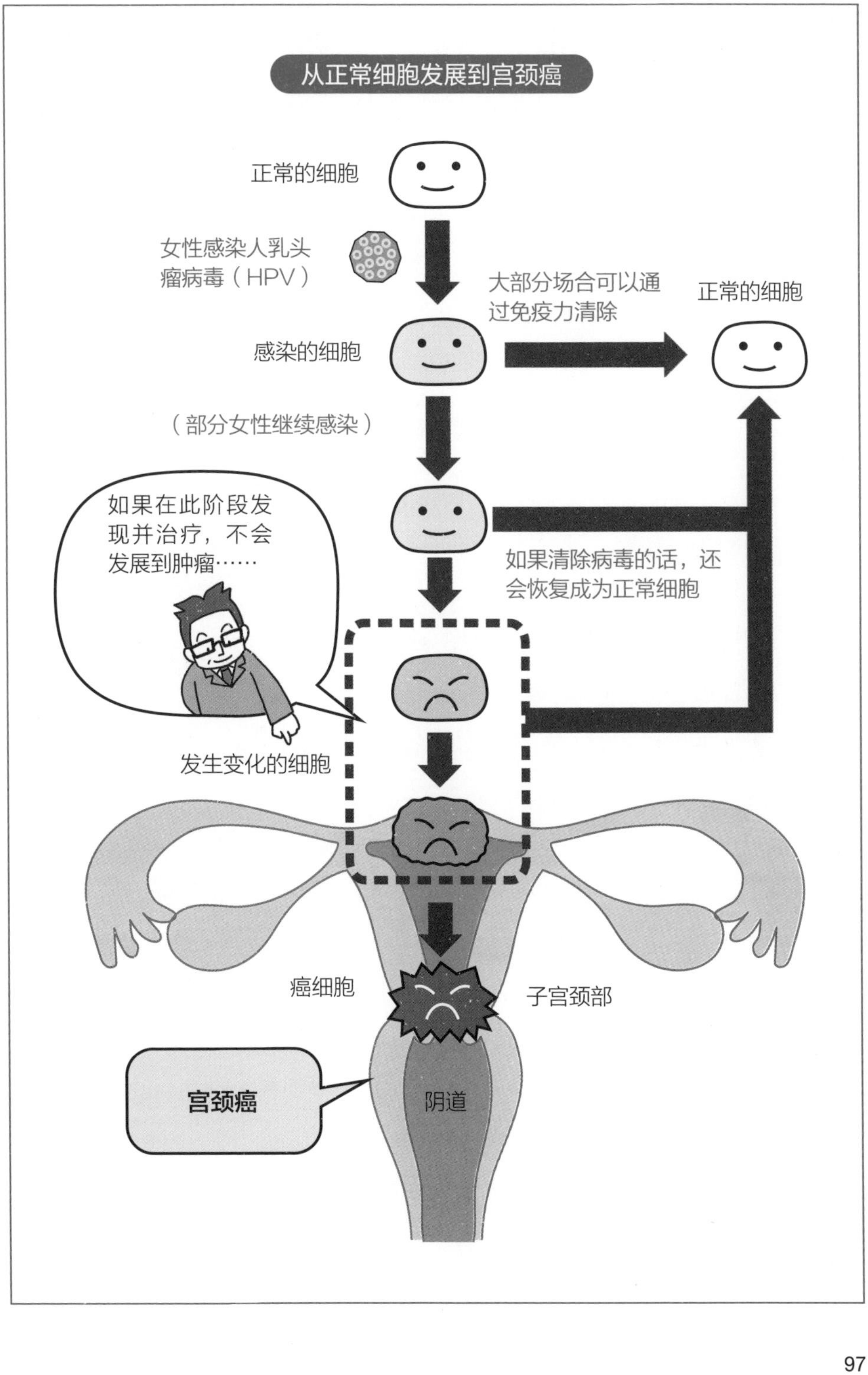

从正常细胞发展到宫颈癌
正常的细胞
女性感染人乳头瘤病毒（HPV）
大部分场合可以通过免疫力清除
正常的细胞
感染的细胞
（部分女性继续感染）
如果在此阶段发现并治疗，不会发展到肿瘤……
如果清除病毒的话，还会恢复成为正常细胞
发生变化的细胞
癌细胞
子宫颈部
宫颈癌
阴道

Chapter 6-6

将RNA逆转为DNA的逆转录病毒

带有逆转录酶的病毒

生物能将DNA转录为RNA，然后将其翻译为蛋白质。但是，也有经过逆向过程的病毒存在。从RNA到DNA的转录是一般转录的反向过程，因此称为逆转录。具有与逆转录有关的酶的病毒统称为逆转录病毒。与人类疾病有关的逆转录病毒是人类嗜T细胞病毒1型（HTLV-1）和人类免疫缺陷病毒（HIV）。HTLV-1引起成人T淋巴细胞白血病，而HIV会导致获得性免疫缺陷综合征（AIDS）。

逆转录病毒颗粒的结构

病毒颗粒是球形的，直径为80～100纳米（99页File 43）。病毒基因组由两个RNA组成。它被核糖蛋白将其包围，衣壳蛋白将其覆盖。有一种逆转录酶可以将病毒复制所需的RNA转换为DNA，还有一种可以将病毒DNA整合到人类染色体DNA中的整合酶。另外，还有病毒蛋白质成熟所必需的蛋白水解酶。

逆转录病毒的生命周期

当病毒通过人体细胞中的受体与人体细胞结合时，病毒包膜和人体细胞膜之间就会发生膜融合。这样病毒就会侵入到机体的各个角落。逆转录酶将病毒RNA转录为DNA。然后，病毒产生的整合酶将其整合到人类染色体中。这样一来由于病毒的遗传信息和人类的遗传信息是相同的，因此人类的转录和蛋白质翻译机制将产生各种病毒蛋白质，然后在人类细胞膜上组装。此时，病毒产生的蛋白酶帮助病毒成熟。完成的病毒颗粒从一个细胞上脱落并感染下一个细胞，这就是病毒创造后代的过程。

File 43

逆转录病毒的生命循环

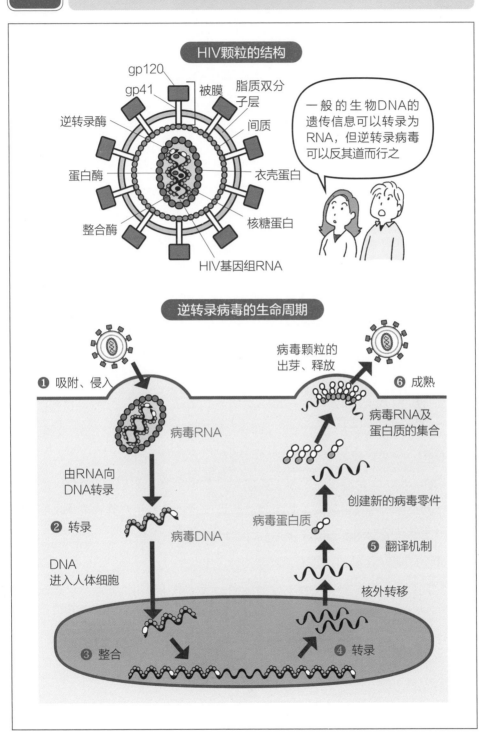

HIV颗粒的结构

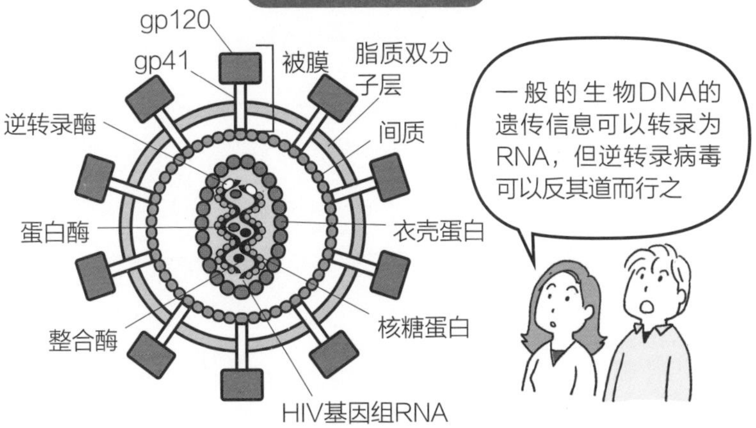

gp120
gp41
被膜
脂质双分子层
逆转录酶
间质
蛋白酶
衣壳蛋白
核糖蛋白
整合酶
HIV基因组RNA
一般的生物DNA的遗传信息可以转录为RNA，但逆转录病毒可以反其道而行之

逆转录病毒的生命周期

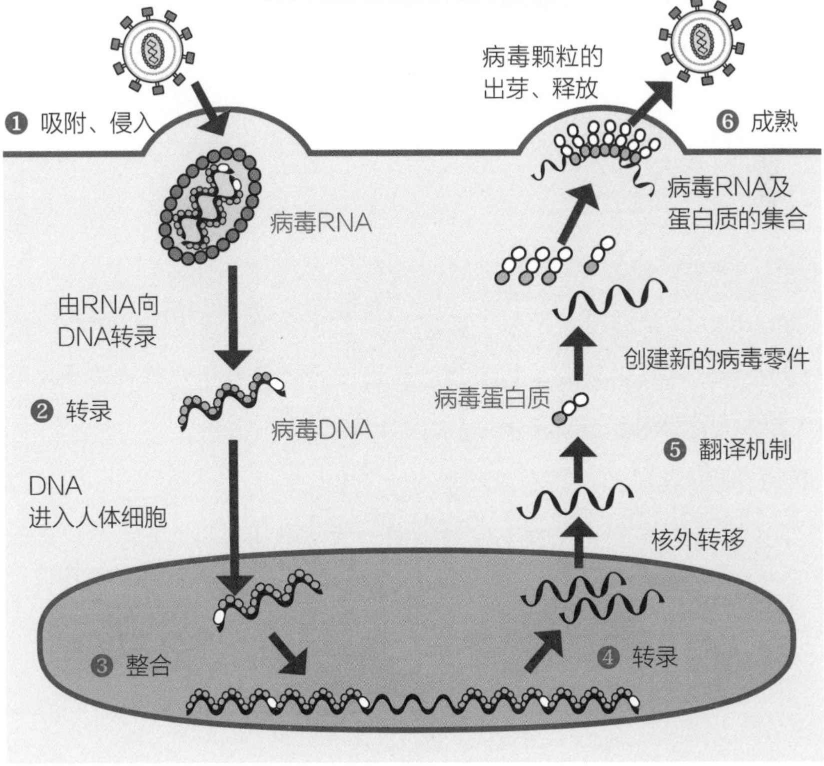

❶ 吸附、侵入
病毒RNA
由RNA向DNA转录
❷ 转录
病毒DNA
DNA进入人体细胞
❸ 整合
❹ 转录
核外转移
❺ 翻译机制
病毒蛋白质
创建新的病毒零件
病毒RNA及蛋白质的集合
病毒颗粒的出芽、释放
❻ 成熟

Chapter 6-7

HIV疫苗为何不能成功

不断变异的麻烦病毒

艾滋病，是人类遇到过的最严重的病毒传染病。在1980年左右，美国报告了一例严重的免疫缺陷患者。这个患者是男同性恋。1983年，法国的蒙塔尼和巴尔·西诺西博士对病因进行了分析，1984年由美国的加洛博士发现了致病病毒，这就是艾滋病病毒。关于第一个发现者的争议很大，但是法国研究人员因发现艾滋病病毒而获得了2008年诺贝尔奖。

迄今为止，全世界感染艾滋病（包括艾滋病毒）的人数已达到3400万人。在日本，累计人数约为2万人。人类已经能够通过用一种名为疫苗的武器来保护自己免受许多病原体的侵害（93页File40）。但是为什么我们不能得到一种针对如此严重的艾滋病病毒的疫苗呢？当然，研究人员正在认真地进行研究。

最大的问题是病毒的多样性。不仅限于艾滋病病毒，所有病毒都能快速增殖，并且可以立即产生大量的后代病毒。实际上，在被HIV感染的患者体内每天都会产生10^9以上的病毒颗粒。但是，并非所有后代都与亲代病毒相同。我们即使曝露于紫外线或化学物质中，也不会轻易发生基因突变（或癌变），这是因为存在一种系统来修复突变。但是，病毒的突变概率很高（每10^4～10^5回就有一回），并且无法修复，结果，产生了突变的病毒。因此，与HIV表面的抗体结合的抗原也在迅速变化，好不容易生产出来的疫苗也会失去效果。当然，考虑到艾滋病的独特性，在开发疫苗时不可能使用活疫苗。

目前，全世界各国都在开发HIV疫苗。主流方法之一是将HIV的一部分基因导入对人类无害的腺病毒和牛痘病毒中，然后将其施用于人类，以确保产生安全的HIV蛋白质。希望能够早日研发成功。

File 44

从感染HIV到艾滋病发作

HIV感染的临床过程

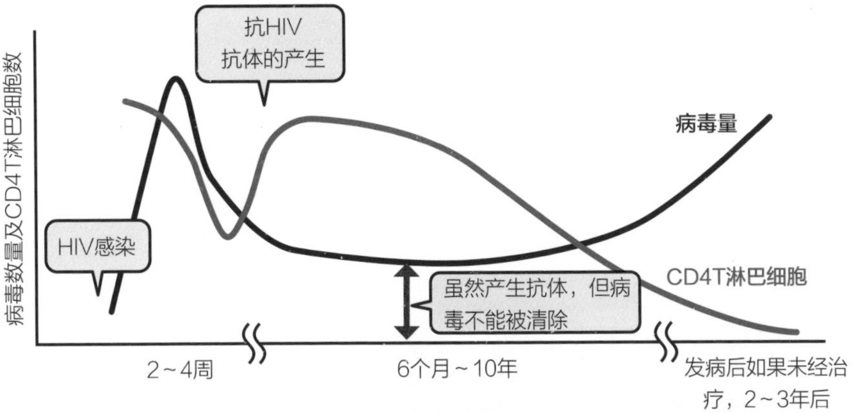

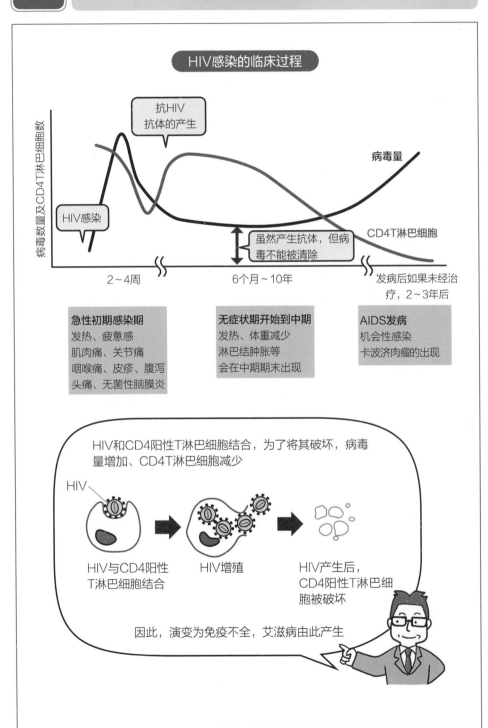

病毒数量及CD4T淋巴细胞数
抗HIV
抗体的产生
病毒量
HIV感染
虽然产生抗体，但病
毒不能被清除
CD4T淋巴细胞
2～4周
6个月～10年
发病后如果未经治
疗，2～3年后

急性初期感染期
发热、疲惫感
肌肉痛、关节痛
咽喉痛、皮疹、腹泻
头痛、无菌性脑膜炎

无症状期开始到中期
发热、体重减少
淋巴结肿胀等
会在中期期末出现

AIDS发病
机会性感染
卡波济肉瘤的出现

HIV和CD4阳性T淋巴细胞结合，为了将其破坏，病毒量增加、CD4T淋巴细胞减少

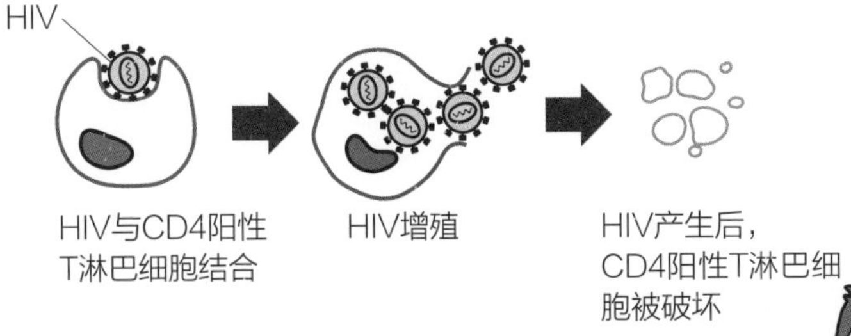

HIV
HIV与CD4阳性
T淋巴细胞结合
HIV增殖
HIV产生后，
CD4阳性T淋巴细
胞被破坏

因此，演变为免疫不全，艾滋病由此产生

Chapter

6-8 不会患麻疹！不能患麻疹！麻疹消除计划

麻疹病毒的传染力是所有病毒中最强的

麻疹，致病病毒属于副黏病毒科的麻疹病毒。麻疹病毒具有极强的传染性，可通过呼吸道传播。如果对该病毒没有免疫力或尚未接种疫苗，在感染该病毒后会毫无例外地发病。假设有一人在无麻疹免疫的人群中发病，则有可能感染12～14人。这比感染一两个人的流感病毒感染率要高得多。感染后1～2周出现发热，全身不适或上呼吸道炎症，此后在颊黏膜上出现称为麻疹黏膜斑的白色小斑点。一过性热退后会再次发热，并且在脸部和颈部附近出现红疹，然后向全身扩散。应当指出的是，在受影响的患者中，有大约 30%的人群患有中耳炎、肺炎和咽炎等并发症，这些人中有一半患有肺炎，细菌性肺炎占儿童因麻疹死亡人群的大多数。

麻疹是一种急性感染，其症状是短暂的。然而，在麻疹发作后的5～10年内，可能会有10%的患者患上亚急性硬化性全脑炎。这是因为该病毒损害了脑功能，患者无一例外都会死亡。麻疹为急性感染，而这种脑炎则为慢发性感染。

在日本，人们也担心感染麻疹的"宿命"，不过接种疫苗后大大降低了死亡率。但是，发展中国家的婴儿仍然表现出很高的死亡率。因此，世卫组织设定了到2012年包括日本在内的西太平洋区域要消除麻疹的目标。日本厚生劳动省还制定了2012年《消除麻疹计划》。消除是指：①实现并保持95%或更高的2次疫苗接种率；②维持每年每百万人口少于1名患者发病。然后，建立评估系统和实施系统，并于2013年3月发布消除声明。麻疹病毒表面有H蛋白和F蛋白（抗原）。与此相关的抗体参与了抗感染的防御。幸运的是，该抗原蛋白不会发生重大突变，因此疫苗的作用不会减弱。可以通过接种两次疫苗使免疫更加坚固。

File 45

麻疹病毒的构造

浮世绘作品“麻疹图”描述了早在江户时代，老百姓就已经开始认识到了麻疹，并恐惧地将其看作是“命中注定的疾病”，并努力寻求通过祈福并接受治疗来达到治愈的效果
麻疹是当时最让人恐慌的疾病，一旦感染，无药可医，所以这种麻疹图还会被作为护身符来销售
麻疹養生弁

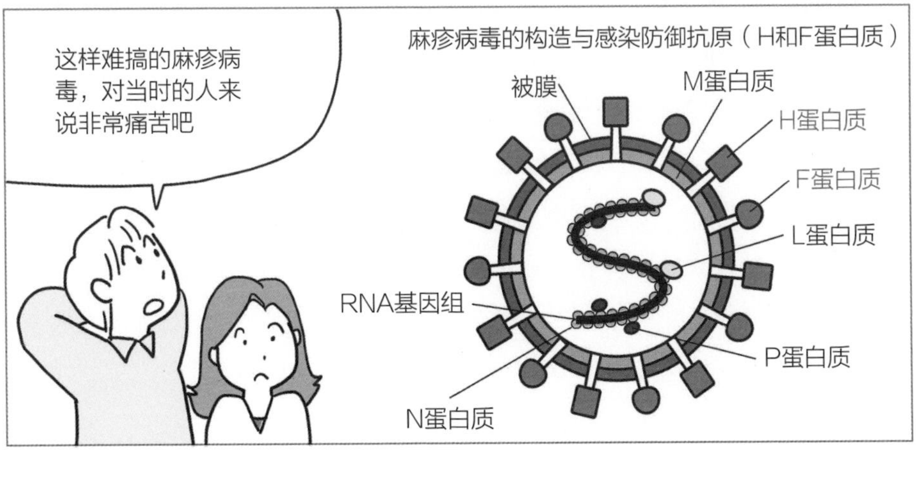

这样难搞的麻疹病毒，对当时的人来说非常痛苦吧
麻疹病毒的构造与感染防御抗原（H和F蛋白质）
被膜
M蛋白质
H蛋白质
F蛋白质
L蛋白质
RNA基因组
P蛋白质
N蛋白质

Chapter 6-9

大多数感冒是由病毒引起的

引起感冒综合征的病毒

实际上，“感冒”并不是医学术语，更确切地说，是“感冒综合征”。这是带有鼻涕、打喷嚏、喉咙痛、咳嗽、发热和头痛的急性呼吸道疾病的统称。其原因有病毒、细菌和过敏等引起，但大多数（80%～90%）是病毒性的。鼻病毒在成人中很常见，RS病毒和副流感病毒在儿童中很常见。流感病毒在儿童和成人中都可以出现，但是由于它具有高度传染性并且很容易变得严重，因此通常认为它不包含在所谓的普通感冒中。除了流感之外的感冒症候群，无论是何种病毒，其病症都差不多相同。

1）**鼻病毒**：由于病毒名Rhino源自希腊语rinos（意为“鼻子”），因此有时被称为鼻感冒病毒。炎症仅限于上呼吸道。由于有超过100种血清型，即使感染了该病毒，也很难预防下一次感染。也没有抗病毒药物或疫苗。

2）**RS病毒**：RS是呼吸道合胞病毒的缩写，可以翻译为合胞体。尽管会反复感染和发作，但出生后到1岁之前有超过半数，到2岁时几乎有100%的婴儿至少会感染一次RS病毒。虽然没有疫苗，但是有针对这种病毒的抗体制剂。

3）**副流感病毒**：儿童发生上呼吸道炎症，并可能发生严重的克鲁普综合征（病毒性急性喉气管炎）。它是仅次于RS病毒的重要病毒。该病毒名称类似于流感病毒，但却是完全不同的病毒。

4）**腺病毒**：这就是引起所谓夏季流感的病毒。该病毒大约有50种血清型，其中3型和4型会引起咽结膜炎。因为它是在夏天通过游泳池传播的，也被称为游泳池发热。此外，柯萨奇病毒和埃可病毒也会引起夏季感冒综合征。

File 46 不同的季节，有不同的感冒病毒

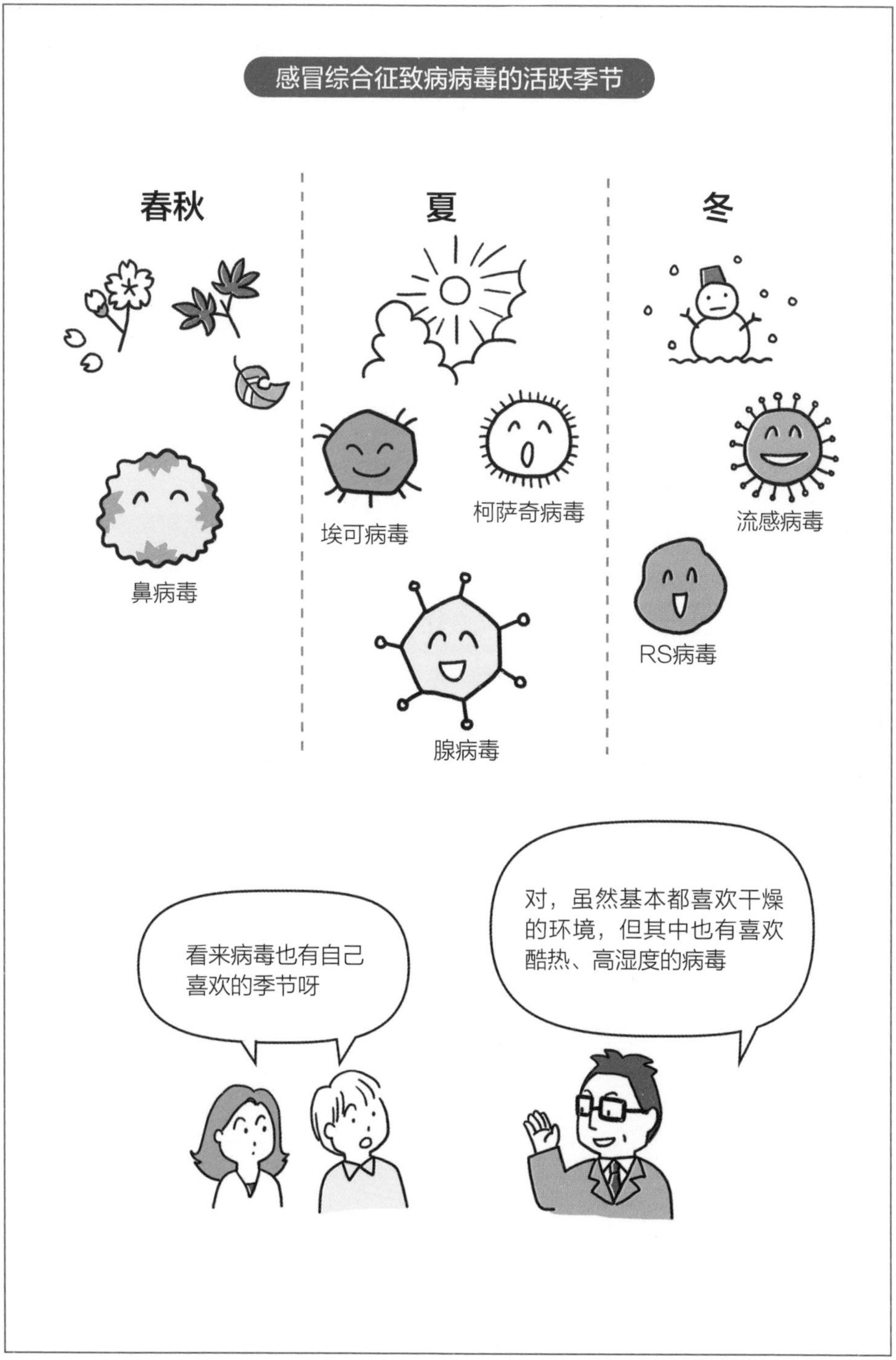

感冒综合征致病病毒的活跃季节
春秋
夏
冬
鼻病毒
埃可病毒
柯萨奇病毒
腺病毒
流感病毒
RS病毒
看来病毒也有自己喜欢的季节呀
对，虽然基本都喜欢干燥的环境，但其中也有喜欢酷热、高湿度的病毒

Chapter 6-10

甲型H1N1流感病毒是如何产生的

HA突变是流感流行的关键

A型流感的结构

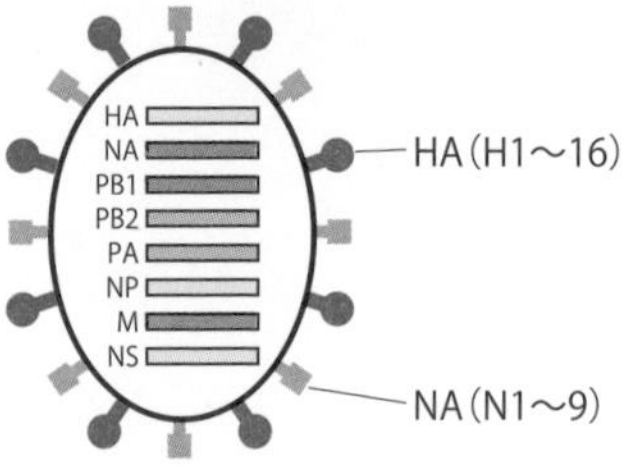
HA
NA
PB1
PB2
PA
NP
M
NS
HA(H1~16)
NA(N1~9)

在20世纪，人类经历了三次流感大流行。1918年西班牙流感（HIN1），1957年亚洲流感（H2N2），1968年香港流感（H3N2）。数千万人受到影响。括号中显示的字母数字字符是病毒抗原型。流感病毒是属于正黏病毒科的RNA病毒。表面糖蛋白HA（血凝素）和NA（神经氨酸酶）以尖峰的形式附着在病毒包膜上。

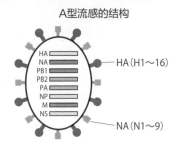

病毒颗粒内部有核蛋白（NP）和基质蛋白（M1）。该病毒有A、B和C三种类型，根据NP和M1的抗原性差异进行分类。根据HA和NA亚型的不同，还可以对A型进行更详细的分类。HA有16种（H1 ~ H16），而NA有9种（N1 ~ 9）。

究竟是引起大瘟疫，还是只是每年引起流感，就取决于病毒中HA突变的程度。当感染或接种疫苗时，即使具有相同HA氨基酸序列的病毒进入人体也不会被感染。这是因为针对HA的抗体会阻止入侵。但是，当受到HA氨基酸序列已被改变的病毒侵袭时，抗体就无法抵抗该病毒。HA的氨基酸序列稍有突变，就会发生小规模的流行病。由于HA的氨基酸频繁变化，单次接种无法获得终身免疫。另一方面，当人类首次经历的新亚型出现时，它可能发展成大流行病。这不是HA氨基酸的突变，而是病毒片段（存在8个，参见上文）发生了变化。例如，感染人类的H1N1病毒和感染禽类的H2N2病毒同时感染猪。在猪体内，彼此的病毒RNA片段相互交换，并产生了可以感染人类的改变型H2N2病毒。

File 47

甲型H1N1流感是如何产生的

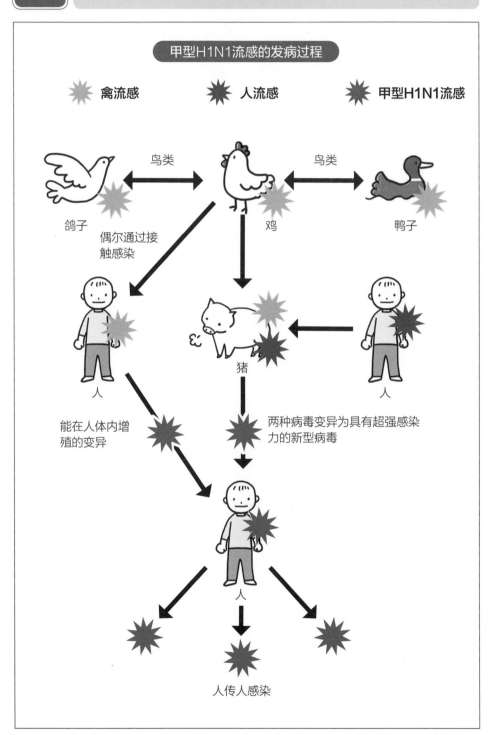

甲型H1N1流感的发病过程

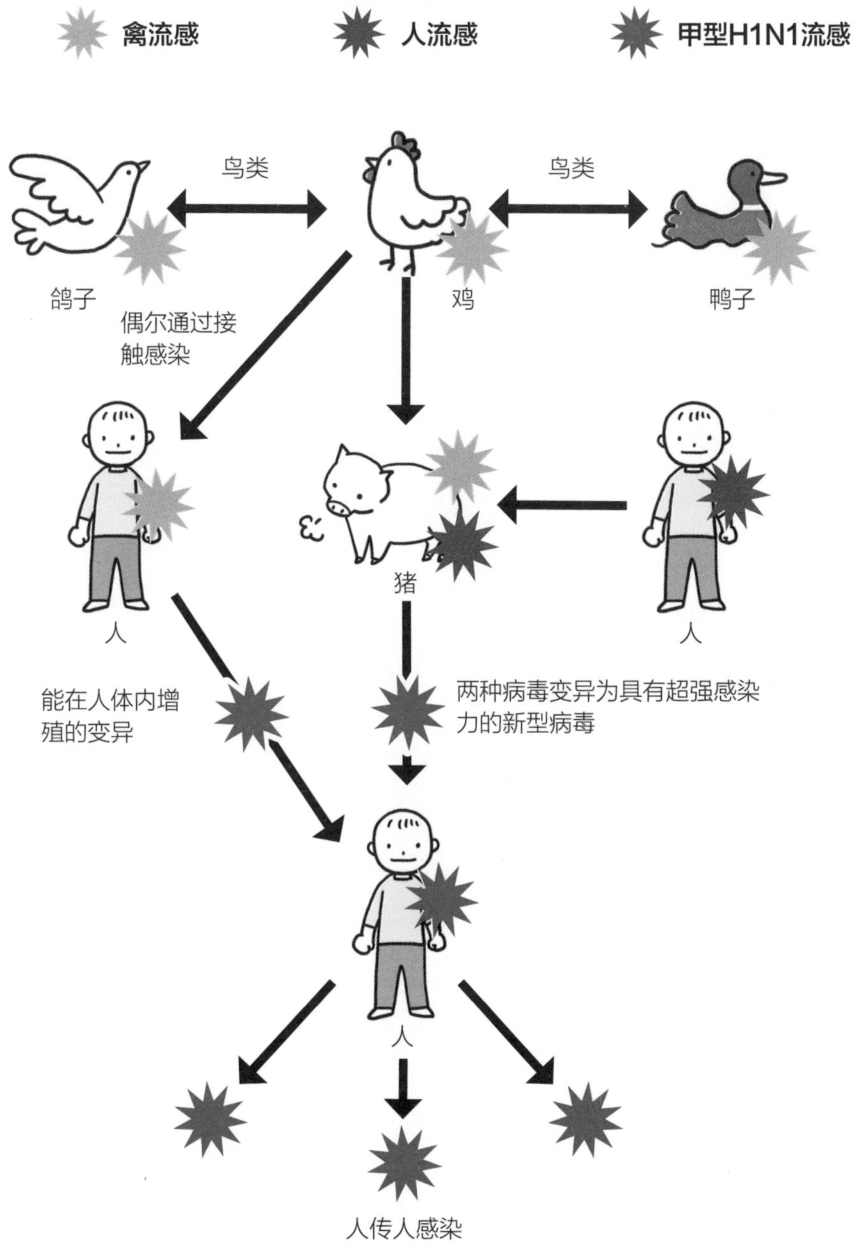
禽流感
人流感
甲型H1N1流感
鸟类
鸟类
鸽子
鸡
鸭子
偶尔通过接触感染
人
猪
人
能在人体内增殖的变异
两种病毒变异为具有超强感染力的新型病毒
人
人传人感染

Chapter 6-11

冬季流行的感染性肠胃炎——诺如病毒

诺如病毒引起的肠胃炎没有特效药

由病毒引起的传染性肠胃炎全年都在发生，尤其是在冬季。典型的致病病毒是诺如病毒。该病毒于2004年命名，但其历史可追溯到四十多年前。美国俄亥俄州诺沃克的一所小学暴发了群体性肠胃炎。由于病毒从该地患者体内分离出来，因此被命名为诺如病毒。后来，世界各地均发现了类似的病毒。从1977年在札幌群体暴发的肠胃炎患者中分离出的病毒称为札幌病毒。这些病毒体积很小，并且呈球形，所以有时也被称为小球形病毒。此后，该病毒被分类为诺如病毒和札幌病毒。

该病毒经口传播。发病原因有：触碰了含病毒的患者粪便或呕吐物，食用了受感染的菜肴，或者食用了受污染的贝类（尤其是牡蛎等双壳类动物）等。经过1～2天的潜伏期后开始发病。主要症状是恶心、呕吐、腹泻和腹痛，偶尔会发热和头痛。不幸的是，目前没有针对该病毒的有效疗法或疫苗，但是在大多数情况下，症状可在1～3天内消失。

在日本2012年报告的约27,000例食物中毒病例中，约有18,000例是诺如病毒引起的，占病例的2/3。诺如病毒通过手和受污染的食物传播，因此有效的预防措施是洗手和对食物进行热处理。如果患者的呕吐物粘在地板上，则可用次氯酸钠消毒。这种病毒不会在贝类中增殖，但被污染的水附着在贝类上时，就会引起病毒的增殖。

原来如此，每年一到冬天，就会传出在学校等地发生诺如病毒集体感染的新闻。

很多病毒性传染病都是在干燥的冬季发生的。

File 48

诺如病毒的感染循环

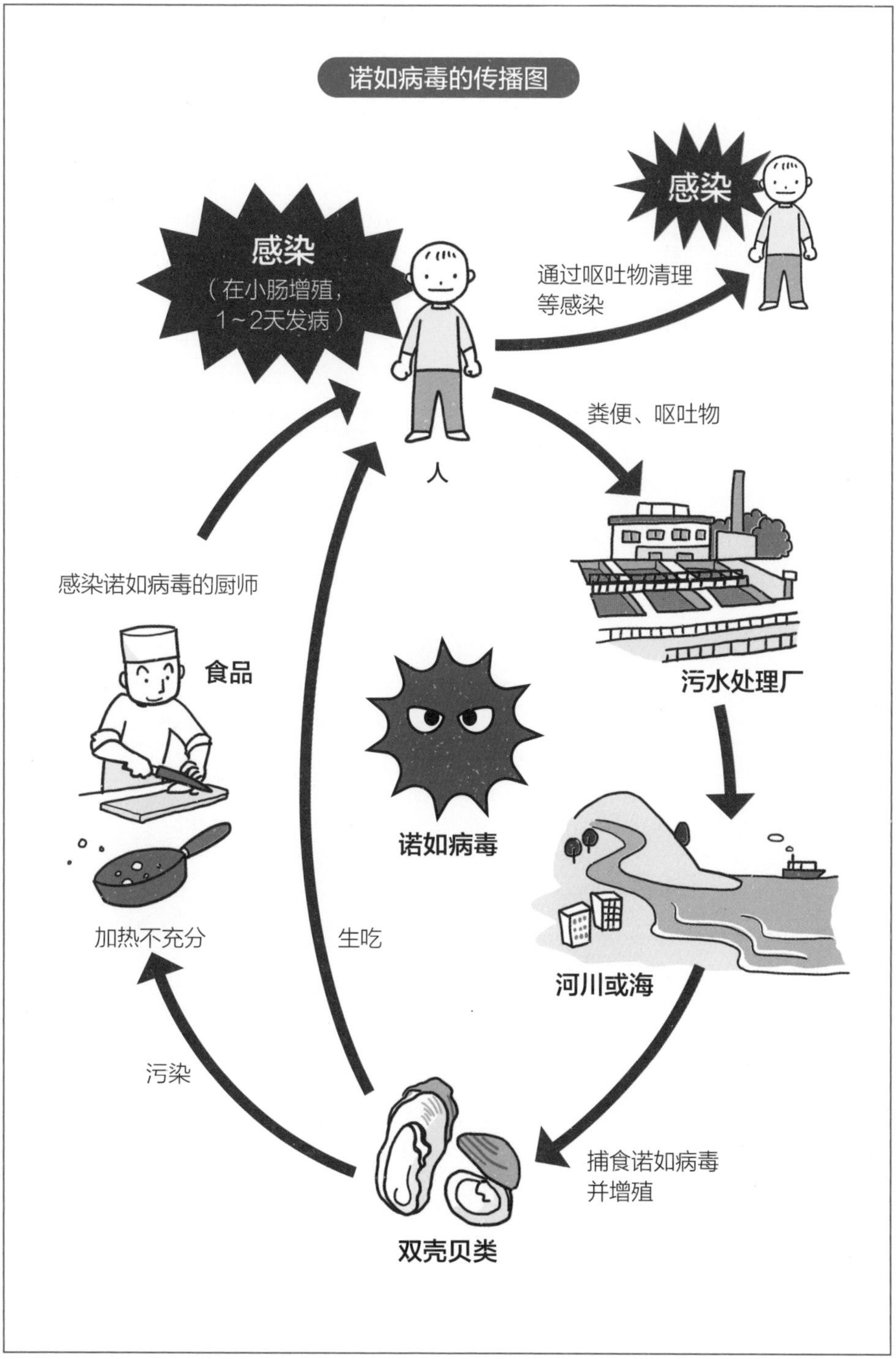

诺如病毒的传播图
感染
（在小肠增殖，
1～2天发病）
感染
通过呕吐物清理
等感染
人
粪便、呕吐物
污水处理厂
感染诺如病毒的厨师
食品
诺如病毒
河川或海
加热不充分
生吃
污染
捕食诺如病毒
并增殖
双壳贝类

Chapter 6-12

喜爱肝细胞的病毒——肝炎病毒

引起病毒性肝炎的病毒有5种

在学术上，将肝炎病毒定义为喜爱在肝细胞中增殖并引起肝炎的病毒。由这些病毒引起的肝炎被称为病毒性肝炎。病毒从A型到E型共有5种。但并没有肝炎病毒这一分类群，它是一种临床命名的病毒。例如，甲型和丙型肝炎病毒是RNA病毒，而乙型肝炎病毒是DNA病毒。乙型和丙型可能会发展为肝硬化和肝癌。实际上，肝炎病毒本身并没有直接损害肝细胞，而是由于人类免疫系统试图消灭感染细胞中出现的病毒（细胞免疫）而导致肝细胞受损。

1）**甲型肝炎病毒：**该病毒经口传播。肝细胞中传播的病毒最终通过粪便排出体外。粪便通过食物和饮用水经口感染。因此，发病取决于卫生环境。

2）**乙型肝炎病毒：**成年人是通过输血或性行为感染（急性乙型感染），大多数可以治愈。另一方面，感染了该病毒的母亲所生的孩子成为携带者（慢性乙型感染，母婴传播）。免疫力不佳的儿童无法将存在于体内的病毒识别为异己，因此在体内共存。长大后，免疫系统会发育并试图攻击病毒，随之而来也会损害自身的肝细胞。世界上大约有4亿患者。接种疫苗可有效预防，此外还有病毒药物拉米夫定。

3）**丙型肝炎病毒：**大多数患者是通过输血感染的，但是由于建立了检测方法，因此现在很少有通过输血感染的病例。世界上大约有2亿患者。据估计，日本大约有70万患者。没有有效的疫苗，但治疗药物包括干扰素和抗病毒药物利巴韦林。

File 49

肝炎病毒的感染和发病

肝炎的发病过程

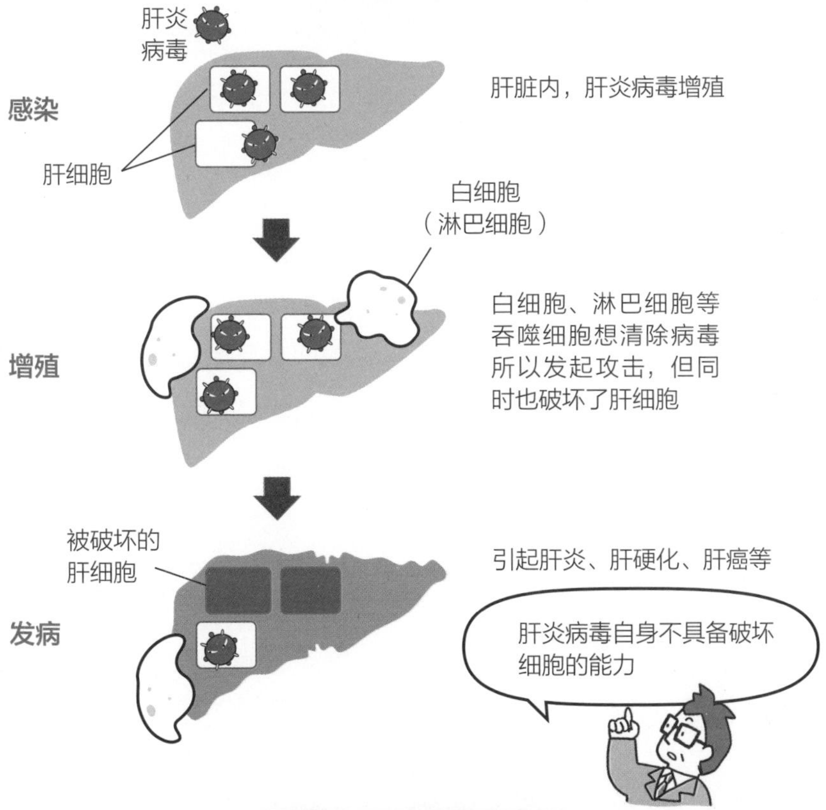

肝炎病毒
感染
肝细胞
肝脏内，肝炎病毒增殖
白细胞（淋巴细胞）
增殖
白细胞、淋巴细胞等吞噬细胞想清除病毒所以发起攻击，但同时也破坏了肝细胞
被破坏的肝细胞
发病
引起肝炎、肝硬化、肝癌等
肝炎病毒自身不具备破坏细胞的能力

肝炎病毒的种类和特征

肝炎 肝炎病毒	A型肝炎 HAV	B型肝炎 HBV	C型肝炎 HCV	D型肝炎 HDV	E型肝炎 HEV
病毒核酸	单链RNA	双链DNA	单链RNA	单链RNA	单链RNA
感染源	粪	血液，血液制剂	血液，血液制剂	血液，血液制剂	粪
感染途径	经口、皮肤、黏膜	经皮肤、黏膜	经皮肤、黏膜	经皮肤、黏膜	经口、皮肤、黏膜
重症化	有	有	有	有	有
慢性化	无	有	有	有	无
疫苗	有	有	无	无	无

Chapter 6-13

世界上最强的病毒——埃博拉病毒

埃博拉病毒有太多未解之谜

在引起严重症状的病原体中，最厉害的当数埃博拉病毒了。感染后，内脏会出血，死亡率达到50%~90%。埃博拉病毒是一种RNA病毒，属于丝状病毒科家族。在第一个病例被报告的地区（苏丹），因为一条河的名字而被命名为埃博拉病毒。迄今为止，感染在西非和中非发生过。

该病毒的天然宿主是未知的，但最多的猜测是蝙蝠。感染是通过与患者血液或体液接触而传播的，但不会通过空气传播。潜伏期2~21天后，会出现发热、头痛、全身不适等情况。之后，从皮肤、黏膜、鼻腔和消化道可见出血，许多患者会死亡。由于没有有效的抗病毒药物，因此仅存在所谓的对症治疗，例如输注和服用退烧药。而且没有疫苗。

其他已知的与埃博拉类似的出血热（下表）。

表 埃博拉样疾病和主要致病病毒

疾病名称	病毒名称	感染地区
埃博拉出血热	埃博拉病毒	非洲（中西部）
马尔堡病	马尔堡病毒	非洲（中部、东部、南部）
拉沙热	拉沙病毒	非洲（西部）
克里米亚-刚果出血热	克里米亚-刚果出血热病毒	非洲、印度
南美出血热	阿根廷出血热病毒 玻利维亚出血热病毒 委内瑞拉出血热病毒 巴西出血热病毒	南美洲
肾综合征出血热	汉坦病毒	中国、韩国
登革出血热	登革病毒	东南亚、美国、拉丁美洲
黄热病	黄热病毒	南美、非洲
裂谷热	裂谷热病毒	非洲

File 50 埃博拉出血热

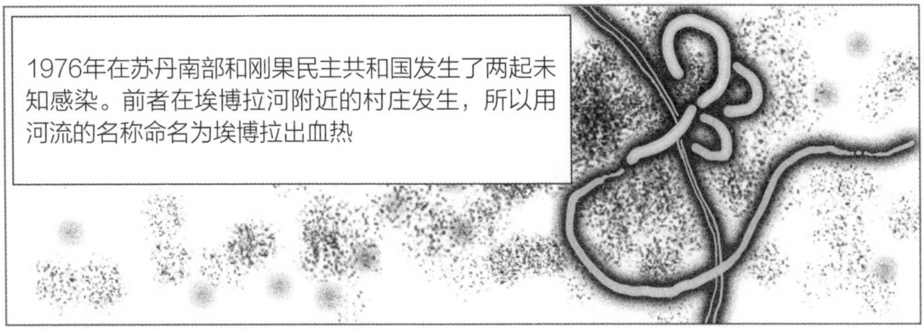
1976年在苏丹南部和刚果民主共和国发生了两起未知感染。前者在埃博拉河附近的村庄发生，所以用河流的名称命名为埃博拉出血热

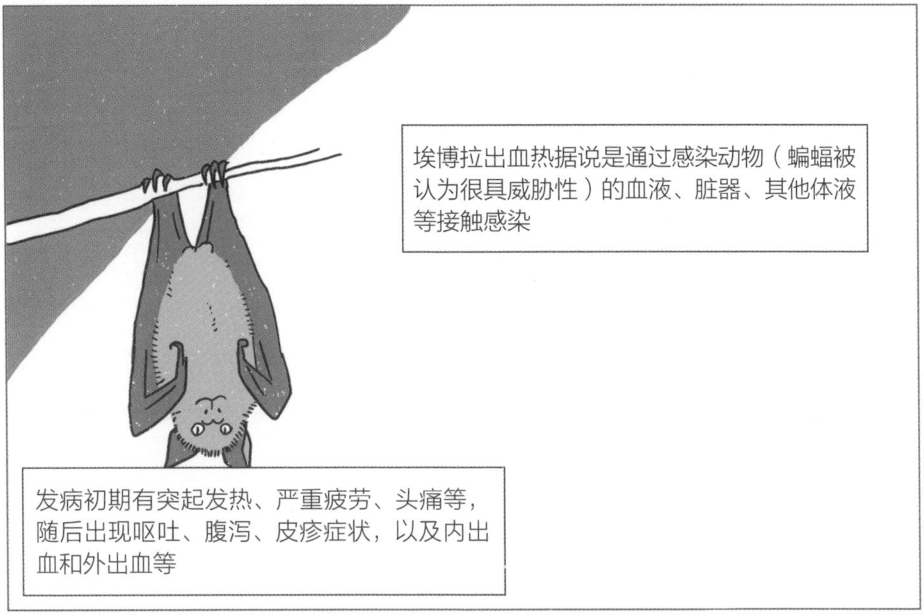
埃博拉出血热据说是通过感染动物（蝙蝠被认为很具威胁性）的血液、脏器、其他体液等接触感染
发病初期有突起发热、严重疲劳、头痛等，随后出现呕吐、腹泻、皮疹症状，以及内出血和外出血等

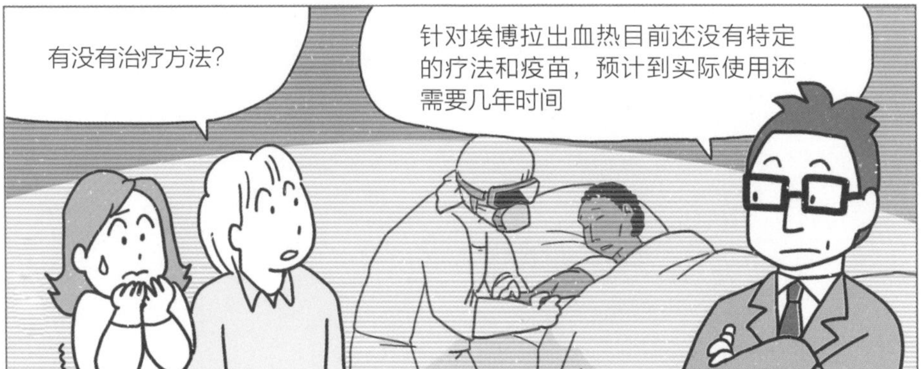
有没有治疗方法?
针对埃博拉出血热目前还没有特定的疗法和疫苗，预计到实际使用还需要几年时间

Chapter 6-14

消灭脊髓灰质炎

仅以人类为宿主，并可到达中枢神经系统的病毒

脊髓灰质炎是一种传染性疾病，脊髓灰质炎病毒破坏了中枢神经细胞，主要引起四肢不对称性弛缓性偏瘫，也被称为急性灰白脑炎或小儿麻痹。该病毒的宿主仅有人类，患者的粪便是感染源，可经口传播。它在咽喉和小肠黏膜中增殖，并通过粪便排泄后再次感染人体。大部分被感染的患者是婴幼儿，其多数没有症状，只有5%的患者会出现感冒样症状（不完美类型）。无菌性脑膜炎会发生在无麻痹（非麻疹型）的患者中，占0.5%～1%。但是，有0.1%的病毒到达以脊髓为中心的中枢神经并在运动神经中增殖，从而导致麻痹症症状。潜伏期为4～35天。

没有有效的治疗方法，但是疫苗是一种预防措施。疫苗包括杀死病毒的灭活疫苗和使用活病毒的活疫苗，活疫苗更有效。尽管它是安全的——因为它已被减毒——但毒性在肠道中也有很小的可能恢复并引起麻痹（概率为1/486万），这被称为疫苗关联麻痹。另外，由于口服摄入活病毒，病毒会通过粪便排出，因此，有时也会产生新的患者。由于这种病毒在肠黏膜中生长，因此需要口服活疫苗。所以，不仅会产生血清中和抗体，还会产生肠道中的分泌型IgA。

脊髓灰质炎是世界上仅次于1980年被根除的天花之后的最可能被根除的传染病。在1950年，日本有5,000多人被感染，但是由于疫苗的引入，患者人数急剧减少。自1980年以后，没有再出现新的患者。世界卫生组织于2000年宣布在西太平洋区域根除了脊髓灰质炎。目前，消灭脊髓灰质炎已接近最后的冲刺阶段。与1988年相比，脊髓灰质炎的感染人数减少了99%，当前的流行国家仅限于巴基斯坦、阿富汗和尼日利亚。

File 51

脊髓灰质炎病毒的感染和增殖

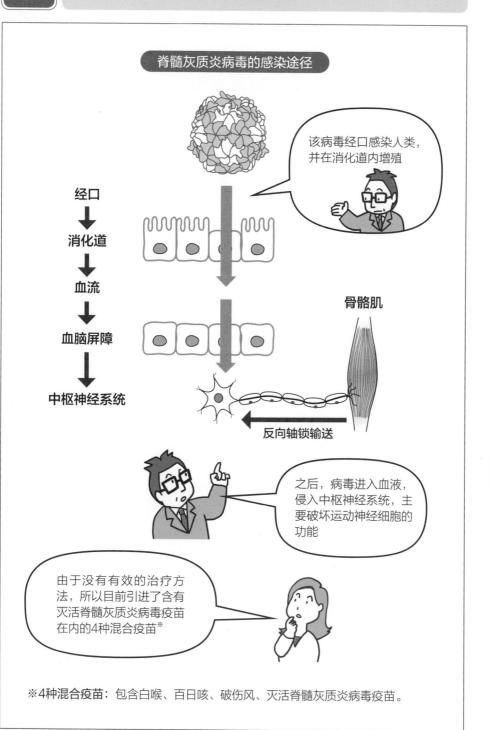

脊髓灰质炎病毒的感染途径

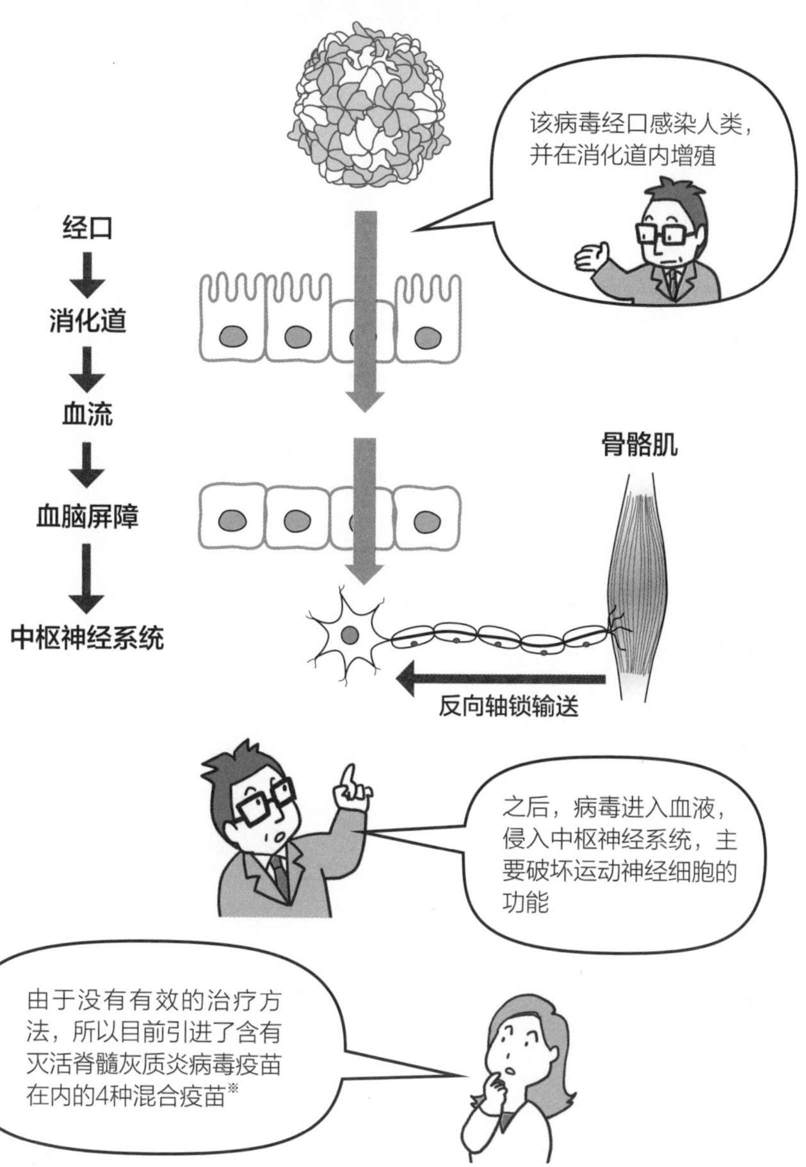

该病毒经口感染人类，并在消化道内增殖
经口
消化道
血流
血脑屏障
中枢神经系统
骨骼肌
反向轴锁输送
之后，病毒进入血液，侵入中枢神经系统，主要破坏运动神经细胞的功能
由于没有有效的治疗方法，所以目前引进了含有灭活脊髓灰质炎病毒疫苗在内的4种混合疫苗※

※**4种混合疫苗：**包含白喉、百日咳、破伤风、灭活脊髓灰质炎病毒疫苗。

Chapter 6-15

拯救了岛国的狂犬病

携带病毒的不仅是狗

狂犬病是由弹状病毒科的狂犬病病毒引起的传染病。由于狂犬病毒的形状像炮弹一样，因此其名称来源于rhabdos（棒状）。尽管它被写为狂犬，但不仅狗携带这种病毒，猫和狐狸等所有温血动物都会受到感染。人被这些受到病毒感染的动物咬伤后也会被感染。它也可能是由于蝙蝠吸血和吸入蝙蝠尿中排出的病毒引起的。

该病毒从咬伤部位侵入人体，在受感染的肌肉中增殖，并从末梢神经到达脊髓和大脑，增殖1～2个月后，会出现类似感冒的症状，例如发热、头痛、肌肉痛和全身乏力感。之后，会出现急性神经系统症状，如被咬伤部位疼痛，周围感觉异常和肌肉痉挛。此时，一半患者的咽喉肌痉挛并伴有剧烈疼痛。因为这个原因要避免饮水，所以这个也被称为恐水症。最终会从昏迷状态到呼吸骤停导致死亡。狂犬病一旦发病，死亡率将近100%。

虽然发病后无法治愈，但如果是刚感染的话可以通过接种疫苗来避免发病。这是杀死病毒的灭活疫苗。

狂犬病在世界各地都有发现，估计每年有3万～5万人死亡。幸运的是，自20世纪50年代以来，日本未发生任何病例。除日本外，没有发生病例的国家还有英国、澳大利亚、新西兰等。这些国家的共同点是“岛国”。在日本，对家犬进行疫苗接种，也对输入动物进行检疫检测，但不管怎么说因为是岛国的原因，成为感染宿主的狗、猫和狐狸不能自己渡海而来，所以可以认为这也算是起到预防效果的原因。即便流浪狗和其他一些野生动物看起来很可爱，也不要轻易和它们接触。

File 52 狂犬病的发病分布

狂犬病的发病状况

非洲地区

亚洲中东地区

南北美地区

岛国真好呀……
你想什么呢

Chapter 6-16

非细菌、病毒或真菌的病原体“朊粒”

朊粒的真正面目

朊粒是由一种蛋白质构成的传染性粒子。朊粒不是生物，因为它没有核酸。但是由于它具有传染性，所以习惯于通过微生物学特别是病毒学进行研究。

在18世纪，出现了一起致命的绵羊慢性运动失调症病例，称为羊瘙痒病。在绵羊的大脑中，神经细胞已经死亡，并呈海绵状。自20世纪80年代以来，英国出现了大量行为异常的牛，疾病名称为牛海绵状脑病（BSE）。后来发现，这是因为给牛饲喂了由患有瘙痒病和BSE病的绵羊和牛用过的饲料。另一方面，巴布亚新几内亚当地人也报道了类似的运动失调。他们有吃死人大脑的习惯，后来在1920年，它被宣布为是一种中枢性退行性疾病，克雅氏病（CJD，以发现者的名字命名）。当将患者的一部分大脑接种到黑猩猩的大脑中时，也会出现类似的症状，因此怀疑存在某种可传播物质。

朊粒的本质是由253个氨基酸组成的分子量为3.3万～3.5万的糖蛋白，没有致病性和传染性，在多种组织中普遍表达。但是，当其发生错误折叠后，就会出现致病性与传染性。主要区别在于正常类型的β折叠占3%，而异常类型的β折叠为43%。换句话说，朊粒的形成原因是正常蛋白质的结构变化。关于异常类型的产生，有各种理论。家族性朊粒疾病是由朊蛋白基因突变引起的，并导致蛋白质的结构变化。另外，由于某些因素，正常类型可以仅改变高级结构而不改变氨基酸序列。在这种情况下，普遍认为外来的朊粒引起结构改变或成为变化的核心。在日本，根据法律，必须去除肉牛的特定危险部位（119页File53）。

File 53

正常的朊蛋白和带有致病性的朊粒

α螺旋和β折叠（β-sheet）的构造

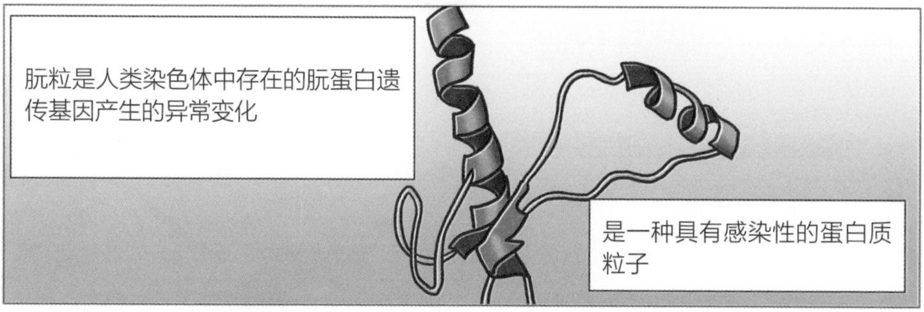
朊粒是人类染色体中存在的朊蛋白遗传基因产生的异常变化
是一种具有感染性的蛋白质粒子

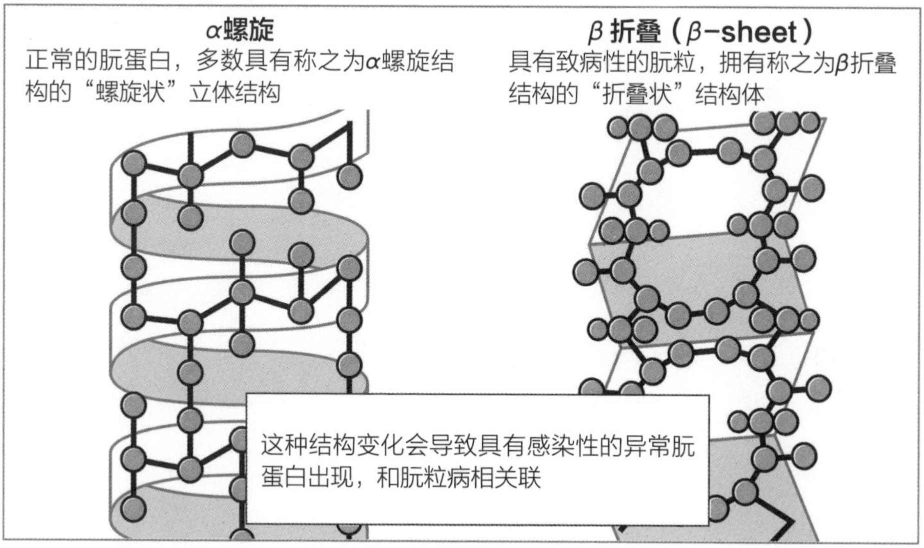
α螺旋
正常的朊蛋白，多数具有称之为α螺旋结构的“螺旋状”立体结构
β折叠（β-sheet）
具有致病性的朊粒，拥有称之为β折叠结构的“折叠状”结构体
这种结构变化会导致具有感染性的异常朊蛋白出现，和朊粒病相关联

2000年初，BSE问题发生之际，正是源于给牛饲喂了脑和脊髓中含有牛羊骨肉粉的饲料所致。也就是说饲养牛的饲料中含有致病性的朊粒。因为给牛吃了患有瘙痒病和BSE病的绵羊和牛用过的饲料
特定危险部位（中枢神经）

专栏

病毒和干扰素

病毒感染时最重要的防御机制之一是干扰素（IFN）。当病毒感染宿主时，宿主意识到这一点后，白细胞产生IFN-α，纤维母细胞产生IFN-β（统称为“I型IFN”）。IFN和受体结合后，无活性的蛋白磷酸酶和2'-5'寡腺苷酸合成酶变为活性形式，这两种活性酶具有抗病毒活性。蛋白磷酸酶通过使病毒翻译起始因子（elF-2α）磷酸化来抑制病毒蛋白质的翻译。2'-5'寡腺苷酸合成酶合成寡聚腺苷酸，它分解让RNA分解酶活性化的病毒mRNA。通过这两种机制来阻止病毒的增殖。干扰素通常由双链RNA病毒诱导。值得注意的是，干扰素不直接发挥抗病毒作用，而是由干扰素诱导产生两种表现出抗病毒作用的酶。

病毒感染细胞后，如果再感染同一病毒或另一种病毒，就会出现抑制后来感染病毒增殖的现象，这被称为干扰现象。受病毒感染的细胞会产生抑制病毒增殖的物质，其被称为干扰素。干扰素是日本人长野和小岛于1954年发现的一种糖蛋白。目前，干扰素也被用作乙型或丙型肝炎的治疗药物。

第7章

真菌学

真菌的主要性状和感染

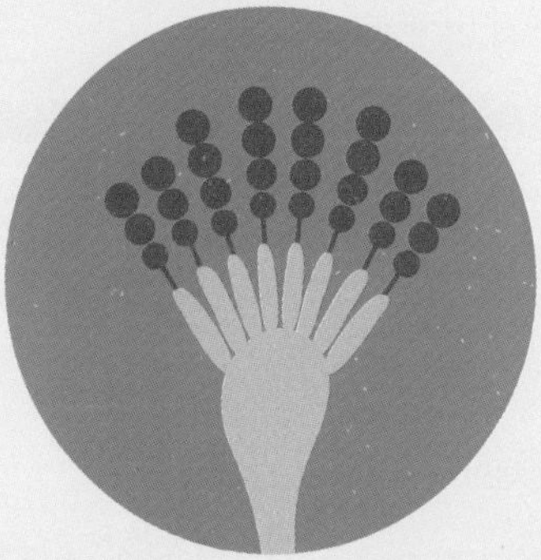

Chapter 7-1

霉菌、蘑菇和酵母菌都叫真菌

真菌的定义和构造

严格来说，霉菌、蘑菇和酵母不是正式的微生物学术语。霉菌是指呈菌丝状的“丝状真菌”，酵母是指单细胞萌芽并增殖的“酵母样真菌”。丝状真菌形成的子实体（柄的部分）叫作“蘑菇”。这些在分类学上均被视为真菌。（见12页）真菌是真核细胞，而细菌是原核细胞，这是两者之间最大的细胞学差异，拥有以下性状的可以被定义为真菌。

1）真核细胞。

2）生长形式是菌丝状或酵母状。

3）具有坚固的细胞壁，其中大部分由壳多糖质和葡聚糖组成。

4）异营养型，需要有机物质进行育种。

5）产生有性或无性孢子。

真菌的分类与细菌的分类相同：域>门>纲>目>科>属>种（见22页）。在真菌中，还存在同时具有菌丝和酵母形式的双态真菌，其基本形式由菌丝和孢子组成。菌丝是孢子发芽并伸长而成的，其中一些可长到10微米或更大。孢子包括通过减数分裂形成的有性孢子和未经分裂而形成的无性孢子。真菌比原核细胞更高级，细胞结构也很复杂。核被包裹在核膜中，并包含核仁、纺锤体（有丝分裂装置）和微管。在细胞质中，有真核细胞的细胞器特征，如核糖体、线粒体、微粒体、内质网和液胞等。

目前，有超过10万种的真菌存在，其中一些被用作与日常生活密切相关的有用真菌，同时也存在引起传染病的真菌。

食品中使用的真菌有大酱、酱油和酒曲（曲霉菌）等，同时抗生素青霉素也是众所周知的。免疫抑制剂环孢菌素A和他克莫司以及降血脂他汀类药物也来自真菌代谢产物（见172页）。

File 54

真菌的细胞结构

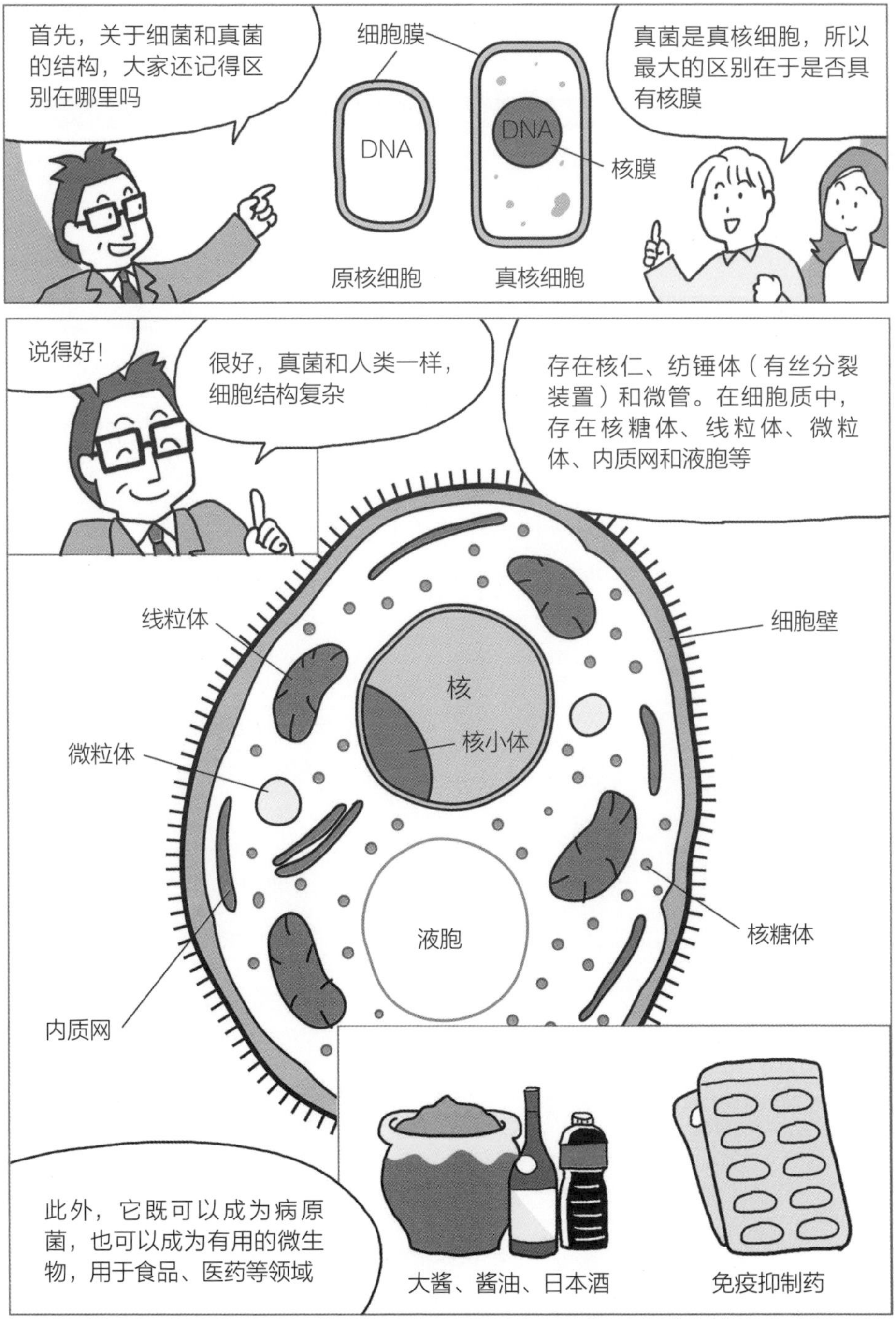
首先，关于细菌和真菌的结构，大家还记得区别在哪里吗
细胞膜
DNA
DNA
核膜
原核细胞
真核细胞
真菌是真核细胞，所以最大的区别在于是否具有核膜
说得好！
很好，真菌和人类一样，细胞结构复杂
存在核仁、纺锤体（有丝分裂装置）和微管。在细胞质中，存在核糖体、线粒体、微粒体、内质网和液胞等
线粒体
细胞壁
核
核小体
微粒体
液胞
核糖体
内质网
此外，它既可以成为病原菌，也可以成为有用的微生物，用于食品、医药等领域
大酱、酱油、日本酒
免疫抑制药

Chapter 7-2

人体的正常菌群“念珠菌”

人类身边常见的机会致病菌

念珠菌属约有200种细菌，其中约10%与感染有关。典型的病原体是白色念珠菌和光滑念珠菌。这些真菌的特征是它们不在空气中传播或居住在土壤中，而是内源性病原体。换句话说，它们存在于口腔、肠道、上呼吸道、阴道或皮肤中，就是所谓的人体菌群。由于是正常菌群，因此不会在人与人之间传播。这种细菌通常是无害的，但在免疫力弱的患者中有机会发展导致感染。入侵门户是消化道和皮肤，正常存在于消化道的念珠菌从受到强烈化学疗法破坏的胃肠道黏膜侵入，然后细菌沿着血液将感染性疾病渗透到全身。原因在于念珠菌位于皮肤表面，因此该细菌可能会从留置导管侵入并引起导管感染。大约四分之一的导管感染病例是由念珠菌引起的。一旦发生感染，可能难以治疗，其死亡率高达约40%。它还会影响肺、肾、脑脊液、肝脏、脾脏、心脏和眼睛。

白色念珠菌是一种单细胞发芽和生长的酵母，但它是一种双态真菌，在某些情况下也会形成菌丝。在特殊的培养基中，可以观察到原膜孢子。对于侵入生物体的细菌建立感染的初始过程，必须黏附至宿主细胞。编码凝集素样蛋白作为黏附因子的ALS基因家族也已被同定。破坏宿主细胞和组织的分泌性天冬氨酸蛋白酶和磷酸化酶是这种细菌产生的典型致病因素。细胞壁来源的多糖也可能形成生物膜，并对抗真菌药物产生抗性。尽管许多抗真菌药，例如两性霉素B、唑类药物和棘皮菌素类药物对治疗有效，但近年来出现了对这些药物无反应的细菌，即耐药性细菌，这已成为一个大问题。

File 55

念珠菌是人类正常菌群

白色念珠菌

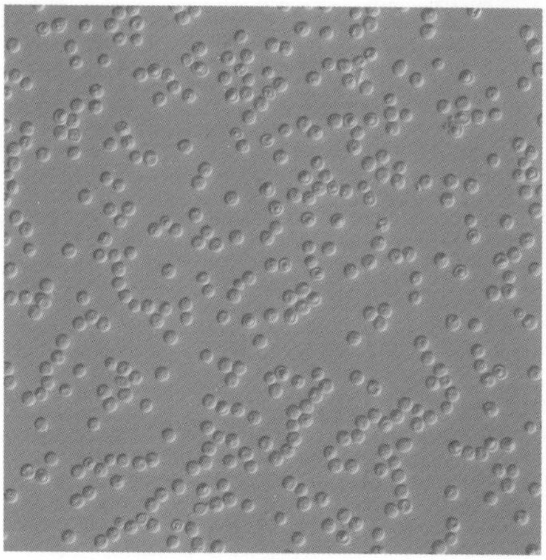

酵母型

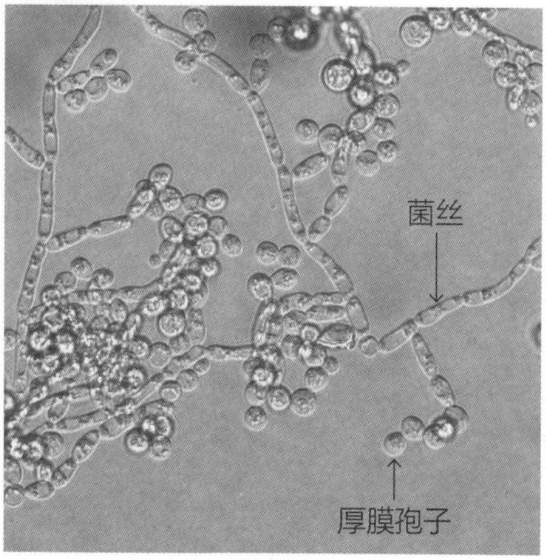
菌丝
厚膜孢子

菌丝型

念珠菌是内源性病原菌

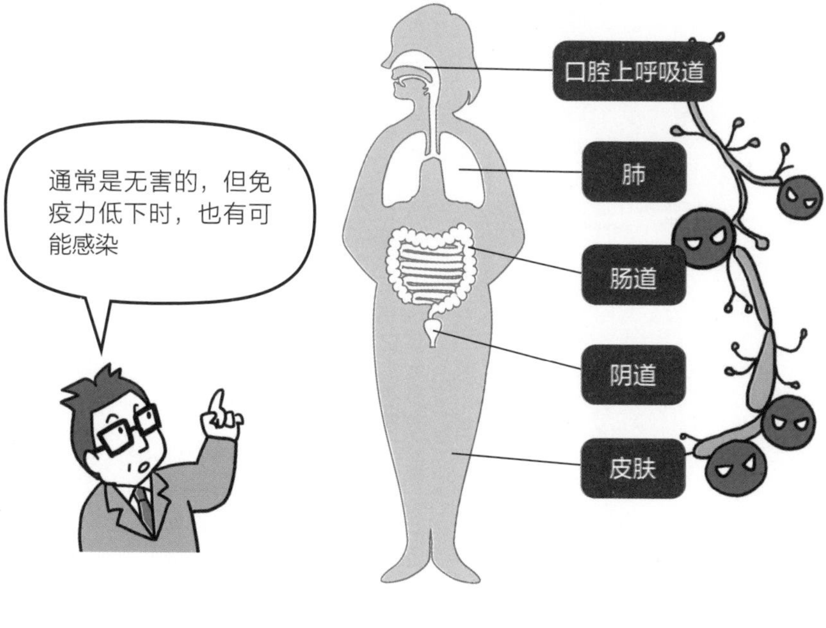
通常是无害的，但免疫力低下时，也有可能感染
口腔上呼吸道
肺
肠道
阴道
皮肤

Chapter 7-3

鸽粪中存在的真菌病原体：隐球菌

喜爱鸽粪的病原体

鸽子是和平的象征，但鸽子粪便中存在致病真菌，它的细菌名为隐球菌。其形态为酵母型，其特征是细胞壁周围覆盖有厚厚的荚膜。当将菌体和墨水在载玻片上混合并在显微镜下观察时，会发现荚膜覆盖了菌体。由于该细菌具有黑色素合成酶（酚氧化酶），因此在存在酶底物的情况下会产生黑色素。荚膜和黑色素在发生感染的时候扮演着重要的角色，它们可以抵抗白细胞的吞噬作用，因此可以逃脱杀菌机制。

即使存在于鸽粪中，这种真菌也不在鸽子体内寄生，只不过是喜欢从鸽粪中摄取营养而已。当鸽粪干燥后被风吹散，人类吸入隐球菌后会在肺部造成损伤。通常，健康的人会造成无症状感染，但是在免疫力低下的人中可能会发展成脑膜炎。这是因为隐球菌对中枢神经系统具有很高的亲和力。脑膜炎约占所有隐球菌病的80%，可能有严重后果。可以用抗真菌药两性霉素B、氟康唑或伏立康唑等唑类药物进行治疗。

在日本，有关感染病例的报道极为罕见，但也存在加迪梭菌引起的隐球菌感染。新生隐球菌分布于世界各地，而加迪梭菌仅存在于热带和亚热带之间。这种菌可以从桉树中分离出来。自1999年以来，在美国和加拿大已报告了多起因加迪梭菌引起的隐球菌病病例。这种新生隐球菌病的致病性高于常规已知的隐球菌病。

File 56

隐球菌病的感染途径和症状

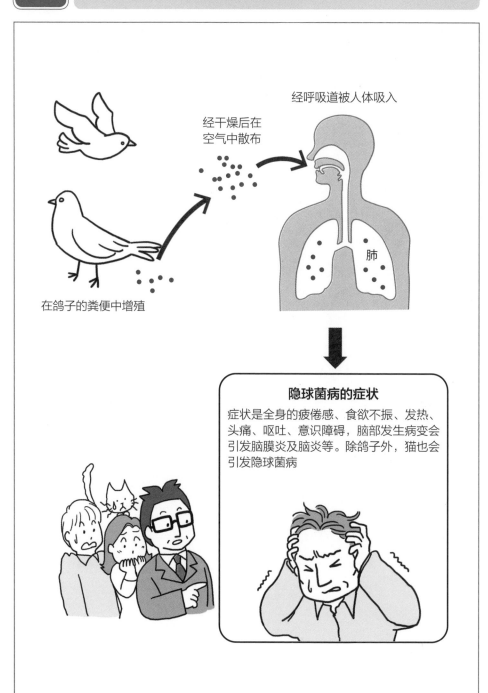

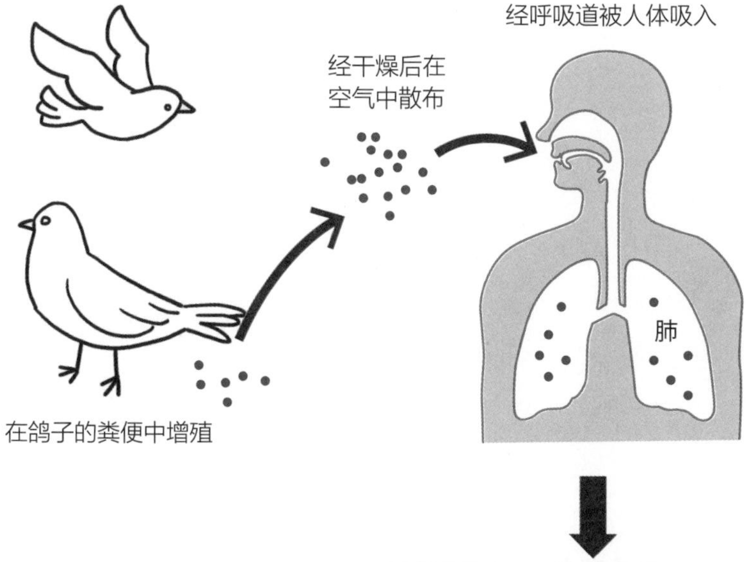
经呼吸道被人体吸入
经干燥后在
空气中散布
肺
在鸽子的粪便中增殖

隐球菌病的症状

症状是全身的疲倦感、食欲不振、发热、头痛、呕吐、意识障碍，脑部发生病变会引发脑膜炎及脑炎等。除鸽子外，猫也会引发隐球菌病

Chapter 7-4

含有致病性细菌和有用细菌的曲霉

曲霉亚型

“曲霉菌”一词来自“圣水刷”（宗教仪式中使用的洒水装置）。换句话说，该形状类似于将许多毛发附着在手柄末端的工具。柄是“分生孢子梗”，尖端的头发是分生孢子和瓶梗（129页File57）。“分生孢子”是无性孢子，目前曲霉属中有二百多个菌种，当中分为致病菌和有用菌。曲霉是一种丝状真菌，广泛生活在土壤等环境中，通过呼吸道侵入人体并进入上呼吸道或肺部，造成继发感染。致病类型大致分为以下三种。

1）**非侵袭性肺曲霉病**：以肺曲霉菌病为代表。

2）**肺局限性的侵袭性肺曲霉病**：进展迅速，最有可能变得严重，中性粒细胞减少是危险因素。

3）**过敏性支气管曲霉病**：它通过吸入曲霉的分生孢子而发病。是一种过敏性疾病，而不是传染性疾病。据说这与Ⅰ型和Ⅲ型过敏反应※相关。

在世界范围内，这种疾病的病例数正在增加，日本的深部真菌病患者数量居全世界第一位。主要的致病菌是烟曲霉、黄曲霉、黑曲霉和土曲霉。发病涉及多种病原性因素，例如促进分生孢子附着于宿主上皮细胞的黏附因子和参与上皮细胞损伤的分泌水解酶。两性霉素B、伊曲康唑、伏立康唑和米卡芬净等抗真菌药有效。另外，黄曲霉和寄生曲霉可以产生一种霉菌毒素，称为“黄曲霉毒素”，会引起人和动物的急性中毒。比如出了问题的花生和坚果类。由于它也是肝癌的诱因，因此，日本《食品卫生法》为黄曲霉毒素设置了规定值。

另一方面，米曲霉被用于大酱、酱油和清酒的制作中，而蒸馏曲霉被用于蒸馏酒和酒曲已有很长时间了。

※**过敏反应**：过敏反应根据其作用机理分为Ⅰ型至Ⅴ型。体液免疫与Ⅰ型至Ⅲ型有关，而细胞介导的免疫与Ⅳ型有关。

File 57

致病菌和有用菌，带有两张面孔的曲霉

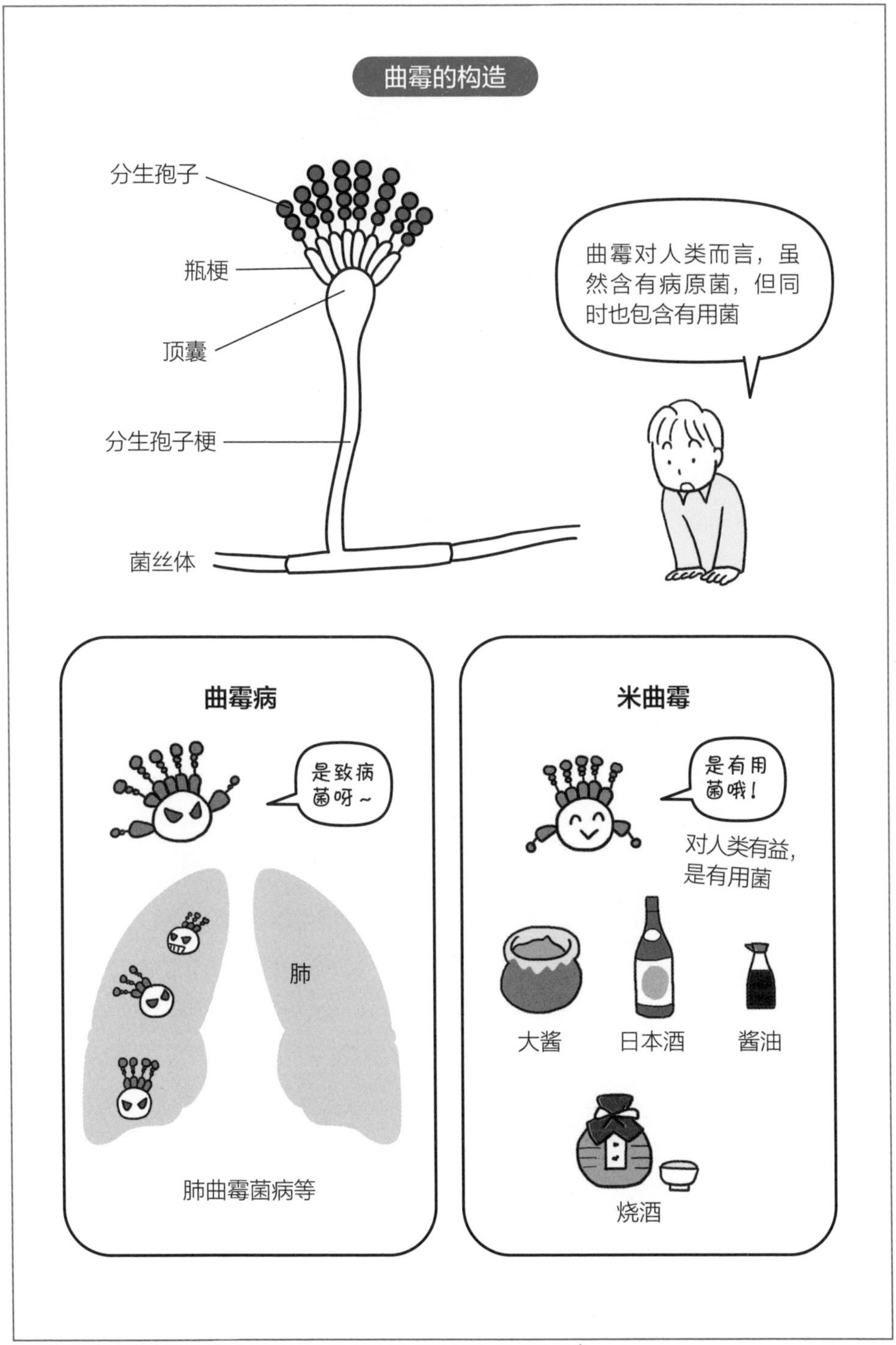

曲霉的构造
分生孢子
瓶梗
顶囊
分生孢子梗
菌丝体
曲霉对人类而言，虽然含有病原菌，但同时也包含有用菌
曲霉病
是致病菌呀～
肺
肺曲霉菌病等
米曲霉
是有用菌哦！
对人类有益，是有用菌
大酱
日本酒
酱油
烧酒

Chapter 7-5

虽然是真菌，却让抗菌药物无效的肺孢子菌

极难人工培育的真菌

肺孢子菌于1909年被发现，并作为引起HIV/AIDS患者机会性感染的病原菌（肺囊虫肺炎）引起了人们的关注。临床表现为干咳、发热或呼吸困难。通过上呼吸道的侵袭和从人到人的传播通常导致亚临床感染。在发现之初，人们认为原虫是卡氏肺孢子虫，但后来发现它是一种真菌，而不是原虫。与此同时，细菌名称更改为耶氏肺孢子菌，疾病名称从加里尼肺炎改为肺孢子菌肺炎。种名卡氏肺孢子菌肺炎仍作为小白鼠的致病细菌而存在。

在肺组织中观察到了肺孢子菌，已知其形态为2～10微米的变形虫样滋养体和4～6微米的囊肿。但是，由于这种真菌的人工培养非常困难，因此其生命周期是未知的。

CD4阳性T淋巴细胞是重要的免疫细胞，在生物防御中发挥重要作用。正常值为500～1,000个细胞数/微升，但感染HIV的患者其数量会逐渐减少。当CD4阳性T淋巴细胞的数量低于200/微升时，发生各种机会性感染的风险增加，其中肺囊虫性肺炎是最常见和最严重的并发症，因此早期进行确切的诊断和治疗是重要的。虽然其在分类学上是真菌，但在细胞膜上不包含麦角固醇※，所以对唑类抗真菌药没有任何作用。因此，作为抗肺孢子菌药，可使用抑制肺孢子菌叶酸代谢途径的磺胺甲噁唑和甲氧苄啶的混合物（ST混合物），喷他脒或者抑制线粒体呼吸链的阿托伐醌。

※**麦角固醇**：脂质的一种成分。

File 58

肺孢子菌肺炎

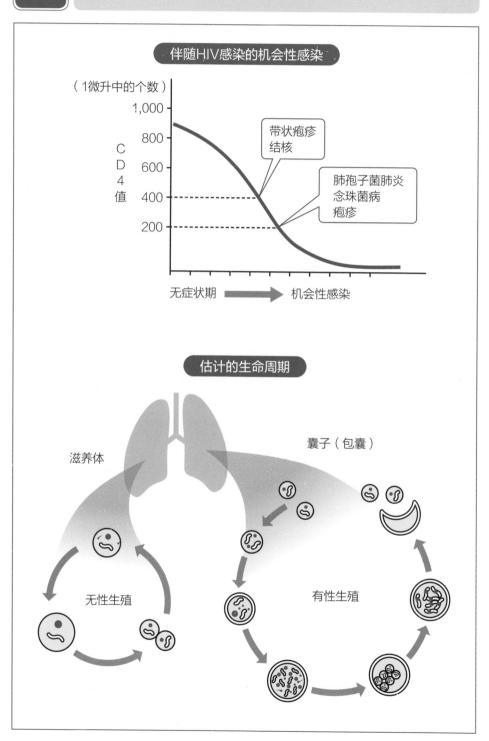

伴随HIV感染的机会性感染

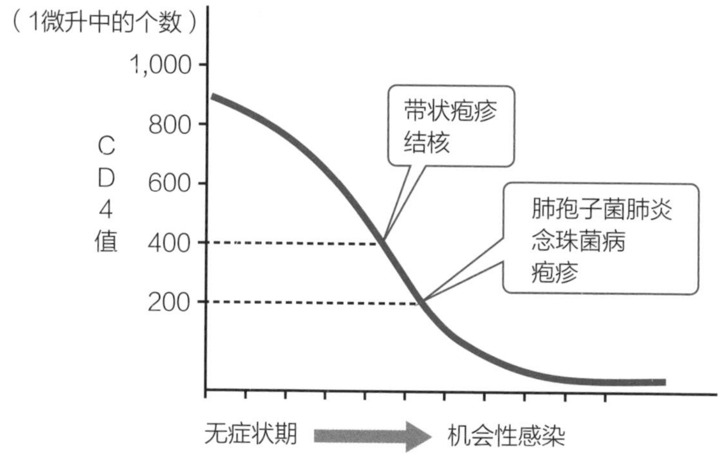
（1微升中的个数）
1,000
800
600
400
200
CD4值
带状疱疹
结核
肺孢子菌肺炎
念珠菌病
疱疹
无症状期
机会性感染

估计的生命周期

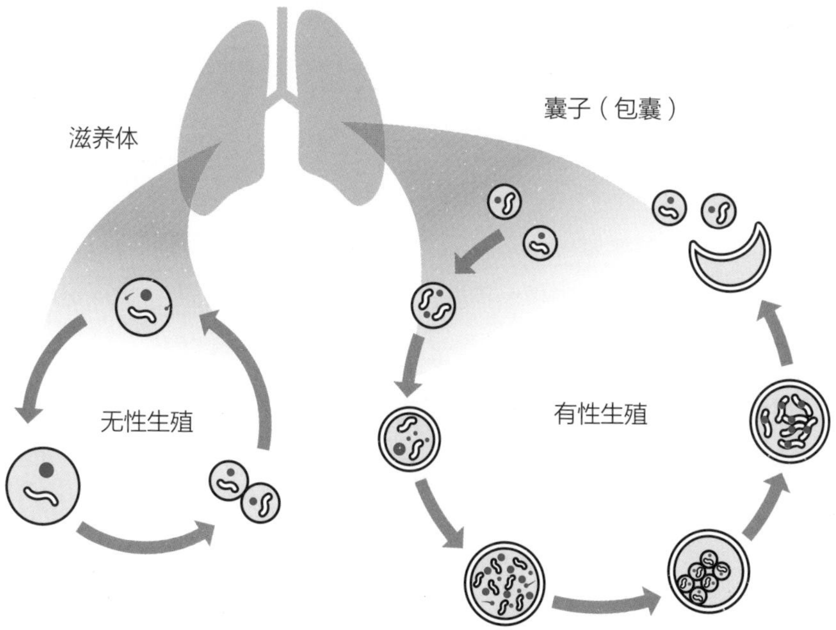
滋养体
囊子（包囊）
无性生殖
有性生殖

Chapter

7-6 脚癣为什么治不好

脚癣的正式名称是毛癣菌

脚癣不是由水中的昆虫引起的皮炎。它是一种皮肤瘙痒症，由毛癣菌（主要是红毛癣菌和趾间毛癣菌）在脚、身体、腿部、头部等处感染导致的发痒。根据流行病学调查，估计日本有超过1000万人患有脚癣。通常认为中年男性经常发生这种情况，但是女性患者的数量正在逐年增加。

大多数癣都是由毛癣菌引起的，也有小孢子菌和表皮癣菌所引起的，它们被统称为皮肤癣菌，所导致的疾病被称为皮肤癣菌病。

当我们谈到感染的时候，总会想到感染部位是血液和脏器，但毛癣菌喜欢在皮肤的角质层感染并增殖。皮肤分为表皮和真皮，表皮的最外层称为角质层，它是由被称为角蛋白的硬质蛋白紧密地堆叠在一起所形成的。这就从物理上阻止了外来病原体的入侵。然而，毛癣菌在角质层中传播，同时通过分泌角蛋白酶（一种分解角蛋白的酶）将角蛋白用作自身的营养来源。

癣是可以治疗的疾病

为了进行诊断，用显微镜直接观察患处并证明病原菌的存在是非常重要的。具体来说，收集患者的皮肤和指甲，加入10%～20%的氢氧化钠溶液来溶解角质层，然后进行显微镜观察。治疗方法是涂抹外用抗真菌药或口服伊曲康唑或替比萘芬。人们常说脚癣治不好，其实是能治好的。当瘙痒消退时，许多患者会根据自己的判断中断或终止给药。但是，如果角质层中仍存在少量真菌，随着时间的流逝很容易恢复，导致疾病复发。“脚癣无法治愈”这样的事情，主要是因为患者通过自己的判断而中断了治疗。

File 59

毛癣菌主要的发病部位

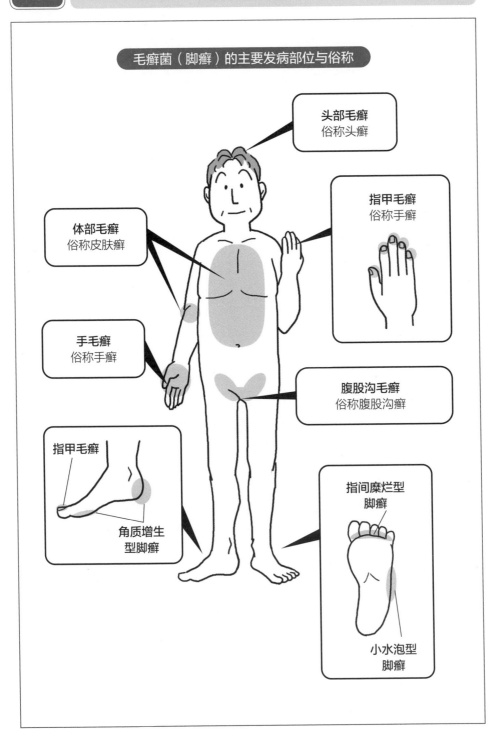

毛癣菌（脚癣）的主要发病部位与俗称

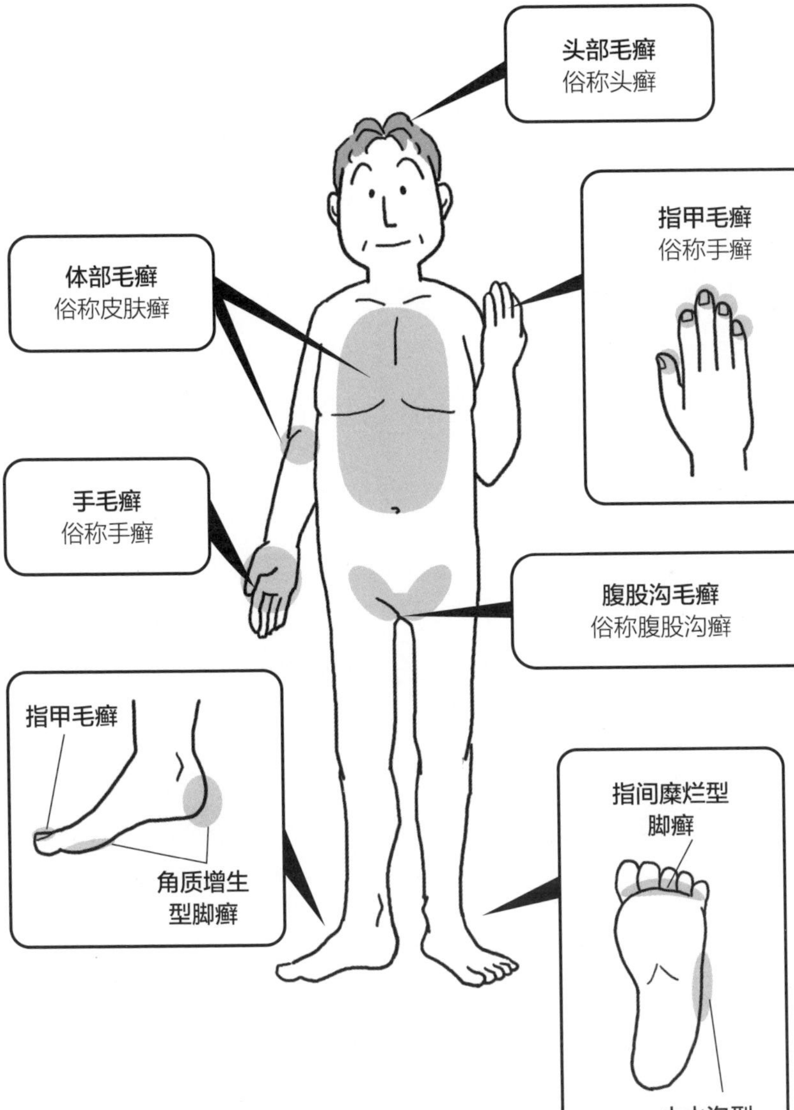

头部毛癣
俗称头癣
指甲毛癣
俗称手癣
体部毛癣
俗称皮肤癣
手毛癣
俗称手癣
腹股沟毛癣
俗称腹股沟癣
指甲毛癣
角质增生
型脚癣
指间糜烂型
脚癣
小水泡型
脚癣

Chapter 7-7

头皮屑是由吃皮脂的正常菌群引起的

马拉色菌最喜欢人类的头皮

出乎意料的是，头皮屑是由真菌马拉色菌引起的。头皮屑是皮肤的角质细胞剥落形成的产物，正式的叫法是脱屑，伴有炎症时称为头皮屑症。严格说来，在皮肤科的世界里，头皮屑也属于脂溢性皮炎的范畴。由于皮脂腺很发达，因此分泌了很多皮脂。马拉色菌正是以此为食。马拉色菌不存在于自然界中，仅存在于包括人类在内的动物的皮肤中。而且，由于它们没有脂肪酸便无法生存，因此在实验室中培养它们时需要用脂肪酸喂养。马拉色菌即使吃完了所有皮脂也无法消化（代谢），因此它首先要分泌脂肪酶，即分解皮脂的酶。皮脂被脂肪酶分解为甘油三酯和游离脂肪酸，游离脂肪酸中的油酸会引起头皮发炎。换句话说，头皮屑引起的瘙痒是由马拉色菌分解皮脂的脂肪酸所引起的。当然，头皮屑的发作也有身体压力大等因素的影响，但是马拉色菌也确实参与其中。因此，大多数去头皮屑洗发剂中都含有用于消除马拉色菌的抗真菌物质。

马拉色菌于1889年被发现。这与发现结核杆菌和霍乱的科赫的时代相同。显微镜检查前胸附近有白色至浅棕色斑点的花斑癣患者时，发现了真菌细胞。这是马拉色菌首次被发现。细胞的直径为2～4微米，它也是脂溢性皮炎的原因。因此，抗真菌药也被指定用于治疗花斑癣和脂溢性皮炎。有一种理论认为，马拉色菌病会加剧特应性皮炎，因为在原发性皮肤炎的患者中会产生针对马拉色菌病的IgE抗体。由于该真菌需要脂质作为营养源，因此体表分布和年龄分布也与皮脂腺的发育程度相关。头皮和脸部是最常见的，其次是躯干和四肢。另外，男性多于女性，并且年龄分布也是青春期前后最为普遍。

File 60

头皮屑和马拉色菌的关系

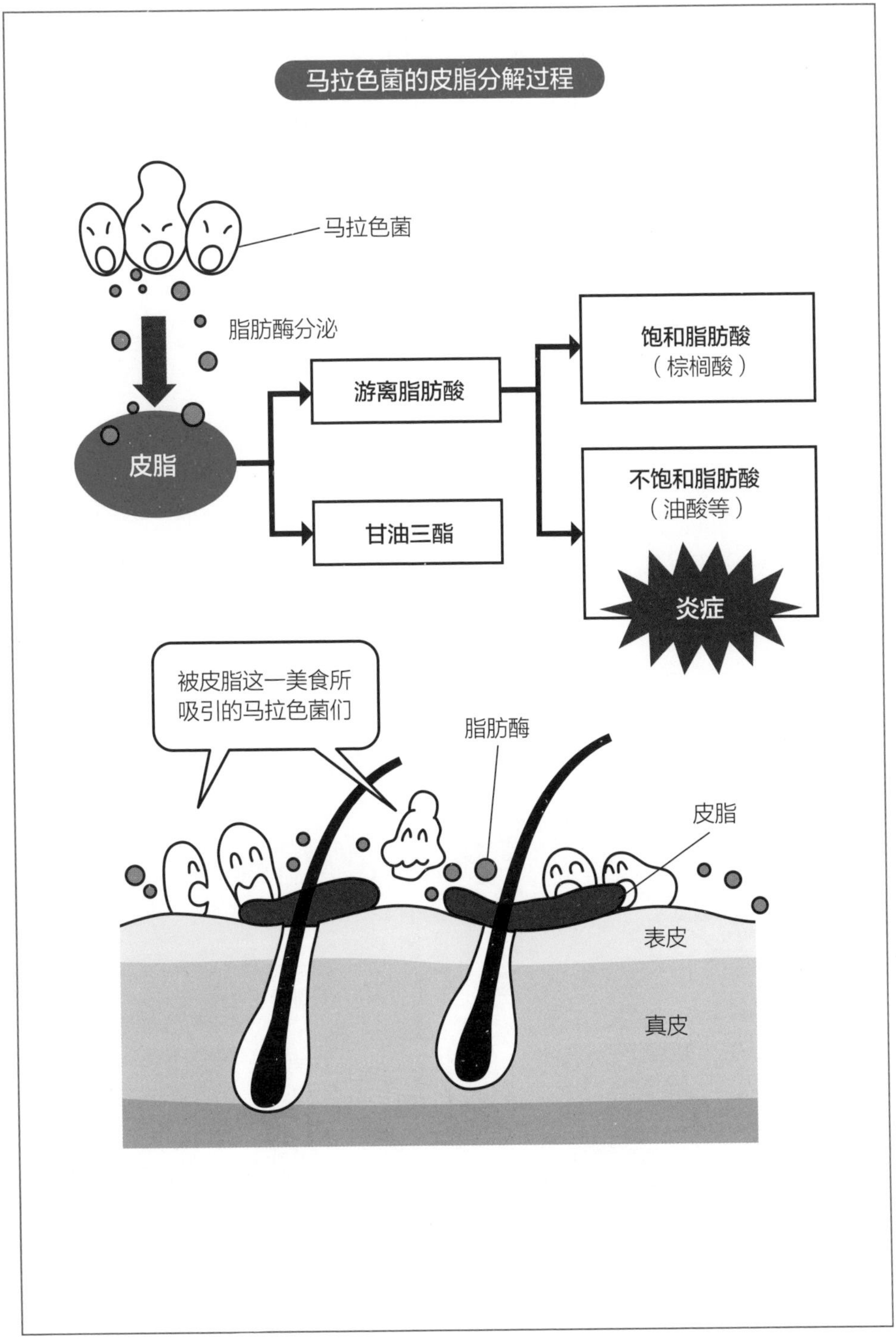
马拉色菌的皮脂分解过程
马拉色菌
脂肪酶分泌
皮脂
游离脂肪酸
甘油三酯
饱和脂肪酸
（棕榈酸）
不饱和脂肪酸
（油酸等）
炎症
被皮脂这一美食所
吸引的马拉色菌们
脂肪酶
皮脂
表皮
真皮

专栏

霉菌和细菌

不知道从什么时候起，大家都开始用baikin这个词了。不过baikin一词在分类学上没有意义，通常被认为是指有害的微生物。正确地说，“baikin”是“霉菌”。由于“霉”的日文训读是“霉”，所以“霉菌”指的是“真菌”。实际上，制作大酱和酱油的真菌被写成“曲霉”。

另一个令人讨厌的表述是“杂菌”。“杂”是指各种事物混合在一起。我们的研究人员有时会使用“××中混入了杂菌”的表达。这是在重要的细菌中混入了恼人的细菌，因此“杂菌”也是不好的形象。

文字随着时代而变化，但是我不希望“霉菌”变成“baikin”。

要说几遍才能明白呀！
不是细菌呀！
范本
霉菌
baikin
baikin
baikin
baikin

第8章

原虫学

原虫的种类和生命周期

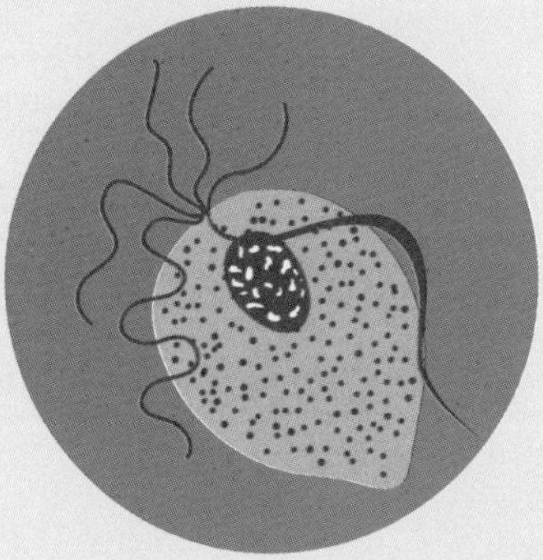

Chapter 8-1

原虫，寄生性真核单细胞生物

原虫分类

脚癣和原虫都不是虫，而是微生物。这和在微生物学或相关学科中学到的“虫”有些混淆——这是原虫和蠕虫之间的区别。两者都是真核细胞，都有运动性，但前者是单细胞生物，后者是多细胞生物。我们会用到“寄生虫”一词，但有的教科书中定义比较模糊。本来，“寄生”是指一个生物在另一个生物体内生存。因此，病毒（一种生物体）在人体（另一种生物体）中的存活也是寄生，但它不被称为寄生虫病毒。这是因为所有病毒都是不寄生就无法生存的生物。通常，寄生虫是指蠕虫。同样，如果我们将微生物定义为较小且肉眼看不见的生物，则蠕虫可能不是微生物，因为可以用眼睛清楚地看到它。

原虫的基本细胞结构与动物细胞没有很大不同。作为真核细胞，核被核膜包裹，核糖体为80S。细胞的外部具有运动、进食和排泄等功能。也有带有伪足、鞭毛、纤毛、肛门和口腔器官的原虫。当它在人体内感染和增殖时，表现为滋养体形态，但是当宿主的生活环境恶化时，例如当宿主的免疫力增强或与粪便一起排泄时，它会变成一种囊性形态，可以说是一种休眠状态。

表　主要的原虫和蠕虫

原虫	孢子虫类	弓形虫、疟原虫、隐孢子虫
	根足虫类	痢疾阿米巴原虫
	鞭毛虫类	毛滴虫、锥虫
	纤毛虫类	结肠小袋纤毛虫
蠕虫	线虫	蛔虫、钩虫、蛲虫、异尖线虫
	绦虫	裂头蚴
	吸虫	血吸虫

File 61

主要的原虫

原虫的形态

孢子虫类

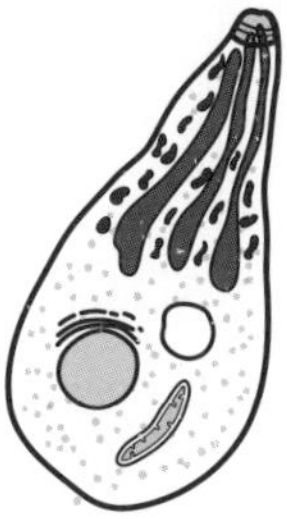

弓形虫

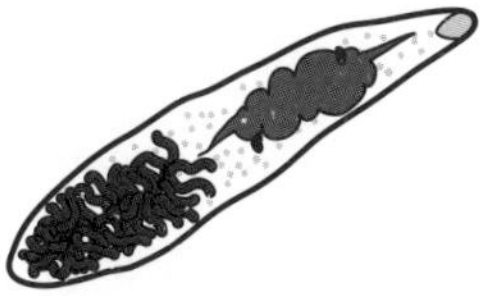

疟原虫

隐孢子虫

根足虫类

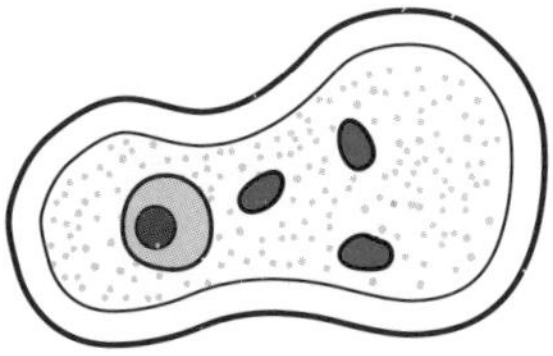

痢疾阿米巴原虫
（滋养型）

鞭毛虫类

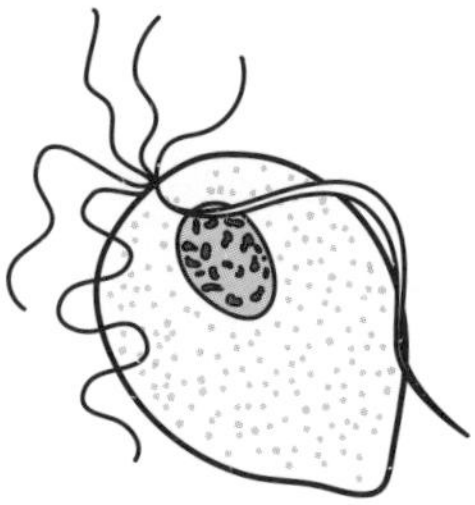

毛滴虫

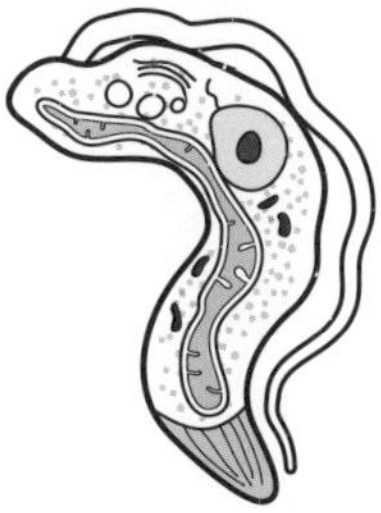

锥虫

纤毛虫类

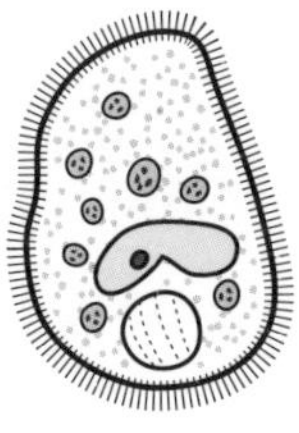

结肠小袋纤毛虫

Chapter 8-2

吃红细胞的痢疾阿米巴原虫

在小肠内增殖，在大肠内寄生的变形原虫

痢疾是由“带有红色血液的腹泻”而来的名称，这在第五章已经叙述过了。由痢疾志贺菌引起的痢疾被称为细菌性痢疾，而由阿米巴原虫引起的痢疾被称为阿米巴痢疾。痢疾阿米巴原虫中，滋养型直径为30～45微米，包囊型为球状，直径为12～20微米。

痢疾阿米巴原虫通过使用伪足来吃红细胞。这种原虫是以包囊型混入饮用水和食物中，经口摄入后，会在小肠内转化为滋养型并增殖。之后，它会寄生在大肠并破坏那里的黏膜组织，形成溃疡。经过2～3周的潜伏期，以腹痛和腹泻发病。病情严重时，可见由于黏膜损伤导致的带有黏液的血便，又称为“草莓果冻状黏液血便”，这是阿米巴痢疾的特征，每天可见数次或数十次的血便。在临床上重要的是，滋养型原虫细胞从大肠病变部位转移到血流中，然后转移至肝部会引起阿米巴性肝脓肿。感染了这种原虫的患者很多会成为无症状携带者，但也会在粪便中继续排出囊子。为了防止囊子成为感染源，因此从预防的角度来看，对携带者也要驱虫。一线治疗药物是甲硝唑。

诊断是用显微镜观察草莓果冻状黏液粪便中的滋养型原虫。消化道中也是寄生着不表现出致病性的阿米巴原虫，因此区分它们对于诊断很重要。

日本的患者人数约为数百例，但在全球范围内，以发展中国家为中心约有五亿人受到感染，据估计每年有成千上万人死亡。由于工业化国家中男同性恋者的高患病率，这种疾病也被视为性传播疾病。

在自然界中也存在不需要寄生的阿米巴原虫，这被称为自由生活阿米巴。许多不是致病性的，但有少数会引起脑膜炎或角膜炎。角膜炎的患者大部分都是隐形眼镜使用者，因此有可能是这种原虫混入了眼镜保存液中造成的。

File 62

包囊型痢疾阿米巴原虫和滋养型痢疾阿米巴原虫

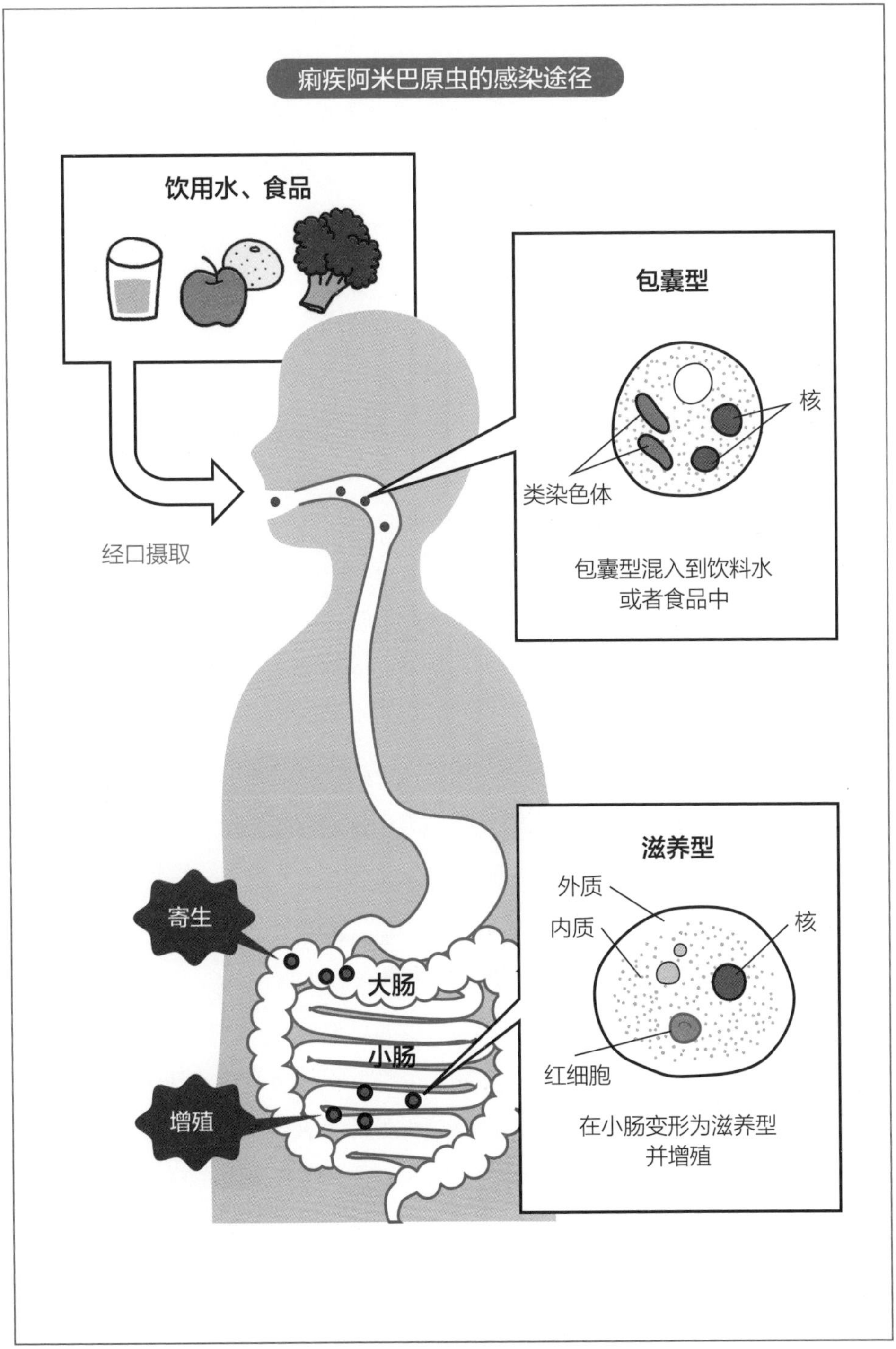

痢疾阿米巴原虫的感染途径
饮用水、食品
经口摄取
包囊型
核
类染色体
包囊型混入到饮料水或者食品中
寄生
大肠
小肠
增殖
滋养型
外质
内质
核
红细胞
在小肠变形为滋养型并增殖

Chapter 8-3

由于全球变暖，日本也会疟疾流行吗

疟原虫的生命周期

疟疾是由疟蚊传播的。有一种理论认为，由于全球变暖的影响，如果这种蚊子在日本各地栖息，那么疟疾在日本是否会普遍发生？无论答案如何，以下过程都会使疟原虫的生命周期变得复杂。

1）蚊子唾液中所含的疟原虫（这种情况被称为孢子体）通过蚊子的吸血作用感染人类。

2）孢子体在肝细胞中增殖，在那里产生数千个分裂体（称为裂殖子）并破坏肝细胞。

3）流入血液中的裂殖子感染红细胞并破坏它们。之后这种感染的发展和破坏会重复进行。

4）另一方面，侵入蚊子体内的原虫成熟后，以唾液中孢子体的状态为下一次感染做好准备。在人体中，通过分裂进行无性增殖，而在蚊子体内，通过生殖体的融合来进行有性生殖。

感染人类的疟原虫，有恶性疟原虫、三日疟原虫、卵形疟原虫和间日疟原虫四种。前两者是疟疾的主要病因，后两者的感染频率很低。疟疾的主要症状是发热、脾肿大和贫血。对于三日疟来说，每隔72小时发热一次；对于间日疟和卵形疟，则每48小时重复一次；对于恶性疟，则每36～48小时不定期重复一次发热。这是由于红细胞被破坏时释放的疟疾毒素所致。

现在让我们再回到开头的问题。疟疾是通过从疟疾患者传给蚊子再传给其他人这样的过程传播的。热带疟疾的媒介小型按蚊只在冲绳岛存在，在日本本土不存在。因此，由于全球变暖，这种蚊子有可能在日本各地蔓延。但是，在当今的公共卫生环境中很少见到蚊子。因此，许多学者认为在日本不会引发疟疾流行。

File 63

疟疾的传播途径

疟原虫的生命周期

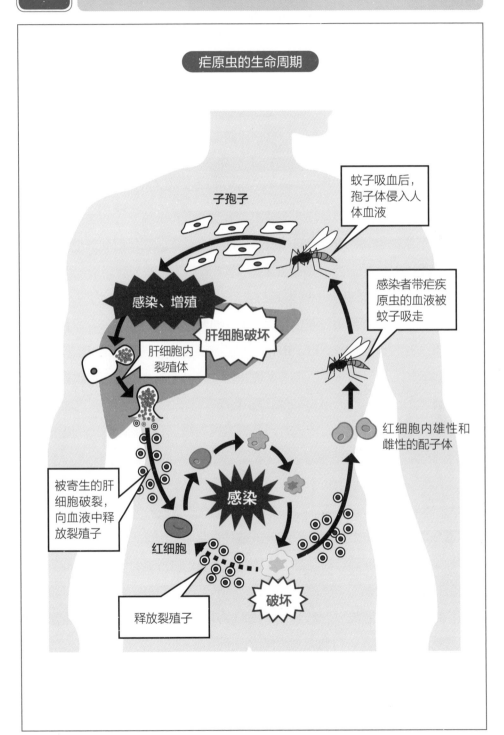

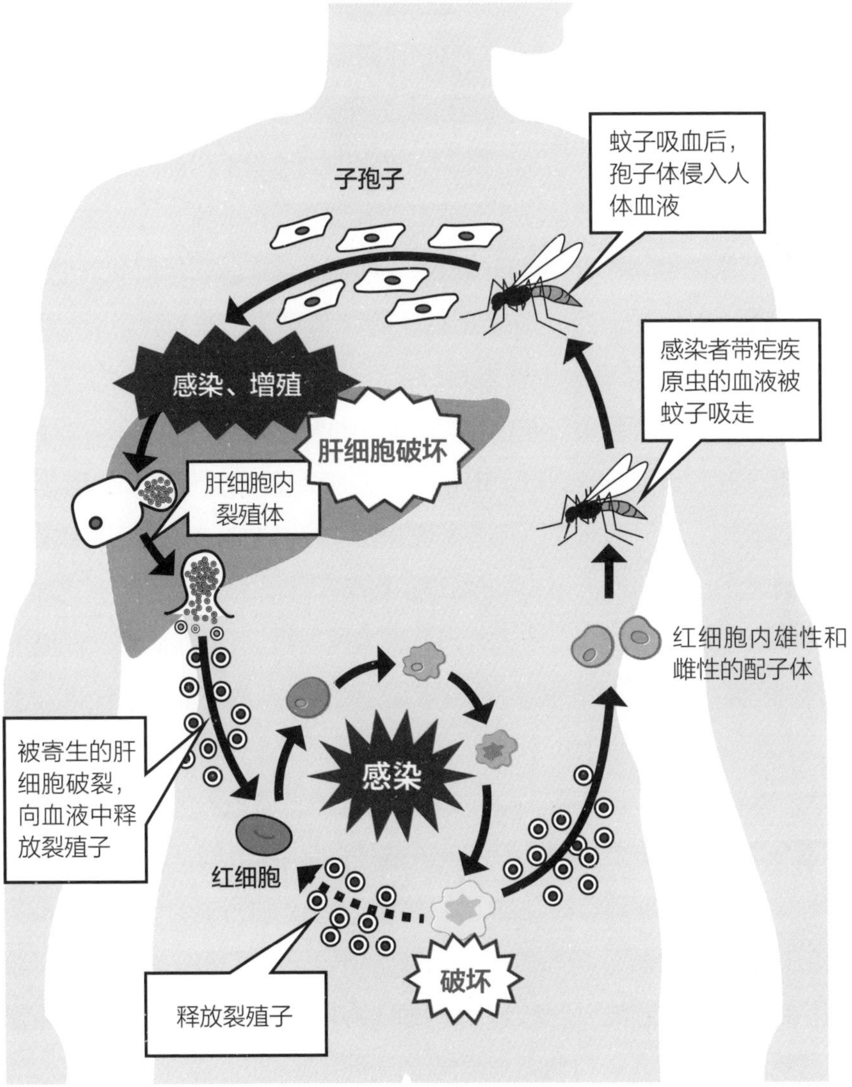
子孢子
蚊子吸血后，孢子体侵入人体血液
感染、增殖
肝细胞破坏
肝细胞内裂殖体
感染者带疟疾原虫的血液被蚊子吸走
红细胞内雄性和雌性的配子体
被寄生的肝细胞破裂，向血液中释放裂殖子
感染
红细胞
释放裂殖子
破坏

Chapter 8-4

与艾滋病相关的原虫感染，隐孢子虫病和弓形虫病

HIV和AIDS患者中，有很多条件致病菌可能会造成感染，原虫也是其原因之一。代表性的原虫如下。

隐孢子虫

隐孢子虫作为牛、猪、狗、猫、小鼠等的肠道寄生虫而广为人知，自20世纪70年代以来便已有人类感染病例的报告。当粪便中的原虫（在这种情况下称为卵囊）与水或食物混合并经口摄取后，即发生感染。人体中的寄生部位是肠道上皮细胞，在其中分裂并形成直径约5微米的卵囊。在卵囊中形成四个子孢子并具有传染性。据说一个感染者会排出10^{10}个卵囊。潜伏期约4～10天，之后主要症状是腹痛和腹泻，并伴有广泛呕吐和轻度发热。如果患者的免疫力正常，通常会在几天内自发消退。HIV/AIDS患者会发展为严重、难治、反复发作和致命性腹泻。尽管腹泻并不伴有血便，但几升以上的严重腹泻可致人死亡。艾滋病患者的发病率约为10%～20%，并且没有有效的治疗药物。

弓形虫

弓形虫在猫的肠道上皮中寄生。在这里，它分裂并最终形成卵囊（12×10微米），然后从粪便中排出。人类摄入猫粪便中所含的卵囊就会造成感染。在全球范围内，已经有数十亿人感染，据估计在日本也有大约10%的人被感染，但对健康人几乎没有致病性。在HIV/AIDS患者中，它可能会引起严重的病症，例如脑炎、肺炎和视网膜炎等。如果孕妇感染了这种原虫，它可以穿过胎盘并垂直传播给胎儿。这被称为先天性弓形虫病。脑积水、脉络膜炎引起的视力障碍、脑钙化和精神运动功能障碍被视为四个主要症状。基于这种背景，“让猫远离孕妇”可以说是祖先的智慧。

File 64 寄生在猫身上的弓形虫

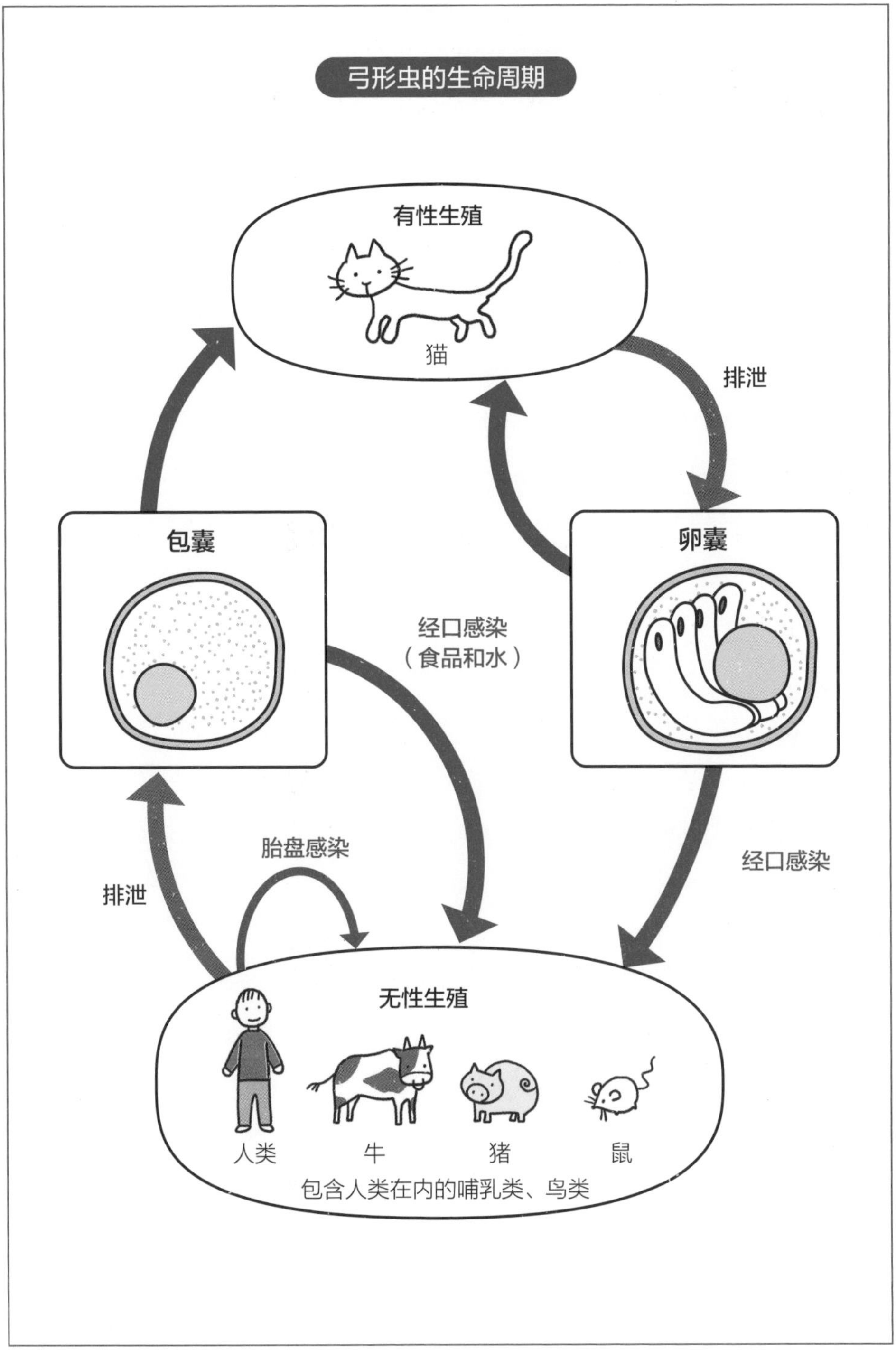

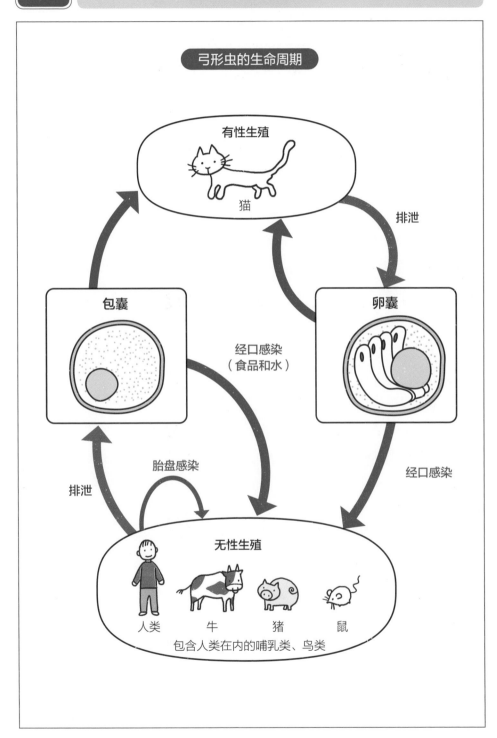

弓形虫的生命周期
有性生殖
猫
排泄
包囊
卵囊
经口感染
（食品和水）
胎盘感染
排泄
经口感染
无性生殖
人类
牛
猪
鼠
包含人类在内的哺乳类、鸟类

专栏

处理病原体时的规则——生物安全等级

当研究人员处理病原体时，始终存在感染的风险。另外，即便实验结束，也不可能将病原体丢弃到普通垃圾箱中。研究人员和研究机构（大学、研究机构、医院）应遵守规则。在人或动物中，根据致病性强度、有无治疗/预防措施、传播的强度等条件，把微生物分为四个风险级别。此级别称为生物安全等级（BSL）。

BSL1：包含可能不会引起重大疾病的微生物。

BSL2：虽然有致病性，但可以分类为不造成重大危害的病原体、可以引起严重感染但具有治疗和预防措施的病原体，以及传播性很低的病原体。实验室必须有一个专用的病原体柜和一个高压蒸汽灭菌器来杀死病原体。此处包括铜绿假单胞菌，破伤风梭菌，肝炎病毒和麻疹病毒。

BSL3：有两种分类，一种被感染时会导致严重疾病，另一种是不太可能传播给其他人的病原体。除了BSL2状况外，还应采取措施防止病原体扩散到外部，方法是使用双门或气闸，室内负压使内部与外部隔开，并使废气通过高性能过滤器。炭疽菌、日本猩红热立克次体、HIV和强毒株流感病毒等都属于此类。

BSL4：引起严重疾病并易于传播的病原体。另外，可以分类为有有效治疗方法和无有效治疗方法的病原体。其中包括埃博拉病毒。操作员穿着防护服。从全球范围来看，支持BSL4的设施非常有限。在日本只有两个实验室。

第 9 章

化学疗法

人类与病原体的战争还在继续

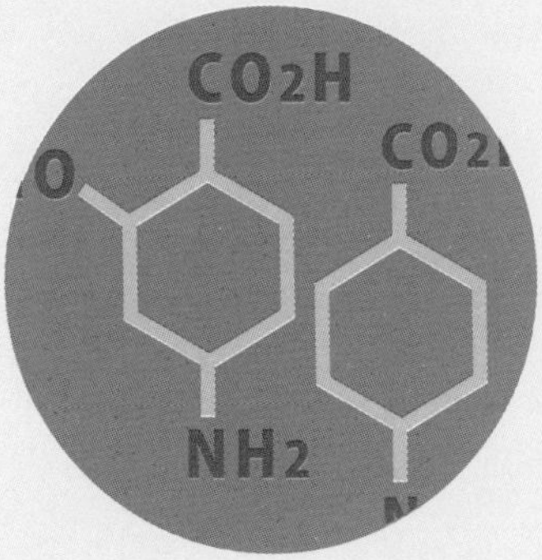
CO2H
NH2

Chapter 9-1

在了解抗菌药物的作用机理之前要学习的知识

抗菌药物的作用

大多数药物可治愈内源性异常，但抗菌药物可抑制从外部进入的病原体或体内微生物的异常生长。因此，在使用抗菌药物时，必须了解抗菌药物与病原体之间的关系。如果抗菌药物抑制了所有微生物的生长怎么办？病原微生物会被消除，但是有益菌也将被消除。结果，只有对抗菌药物无效的正常菌群才能幸存，这就是细菌交替症（见164页）。在感染病的治疗中，可以识别出致病菌，而且只使用对致病菌有效的抗菌药物是主要原则。对哪种病原微生物有效的范围称为"抗菌谱"（见174页），谱宽的称为"广域抗菌药物"，谱窄的称为"窄域抗菌药物"。当尚未确定病原菌并且必须立即开始使用抗菌药物时，可以使用广谱抗菌药物进行经验性治疗。一旦确定了致病菌，就应该立即开始更换窄域抗菌药物。

抗菌药物不只是发挥"杀死"病原体的作用。当然，它可能具有杀菌作用，但也可能显示出"抑菌"作用。也就是说，病原体不会死亡，但也不会增殖。例如，阻止细菌细胞壁合成的β-内酰胺类药物对病原体具有杀菌作用，而阻止蛋白质合成的四环素则具有抑菌作用。

治疗感染病的麻烦之处在于，抗菌药物的功效取决于病原体。这被称为"药物敏感性"，而对其进行检查则被称为"药物敏感性测试"，抗菌药物的使用应该控制在最低限度，（最小给药时间和剂量）。在某些情况下，使用抗菌药物不仅会出现不良反应等一般现象，当对抗菌药物无效的"耐药菌株"出现时可能还会在全球范围内引起问题。抑制病原菌增殖的最小浓度称为最小有效浓度。抗菌药物的使用量应参考该值来确定。

File 65

抗菌药物的种类

并不仅仅局限于抗菌药物，抗病毒药物、抗真菌药物在阻碍病原体的增殖方面也有共性。与药物对人体的作用来比较，对微生物的作用更大的情况称之为“选择性毒性”。具有高选择性毒性代表是好的抗菌药物。如果想只对细菌发挥作用，只要使其作用于只存在于细菌的部位或代谢途径就好了。在这一概念的基础上，所有的抗菌药物都得以被开发。抗菌药物按照作用机理，大致可以分为以下5类。

抗菌药物按作用分类

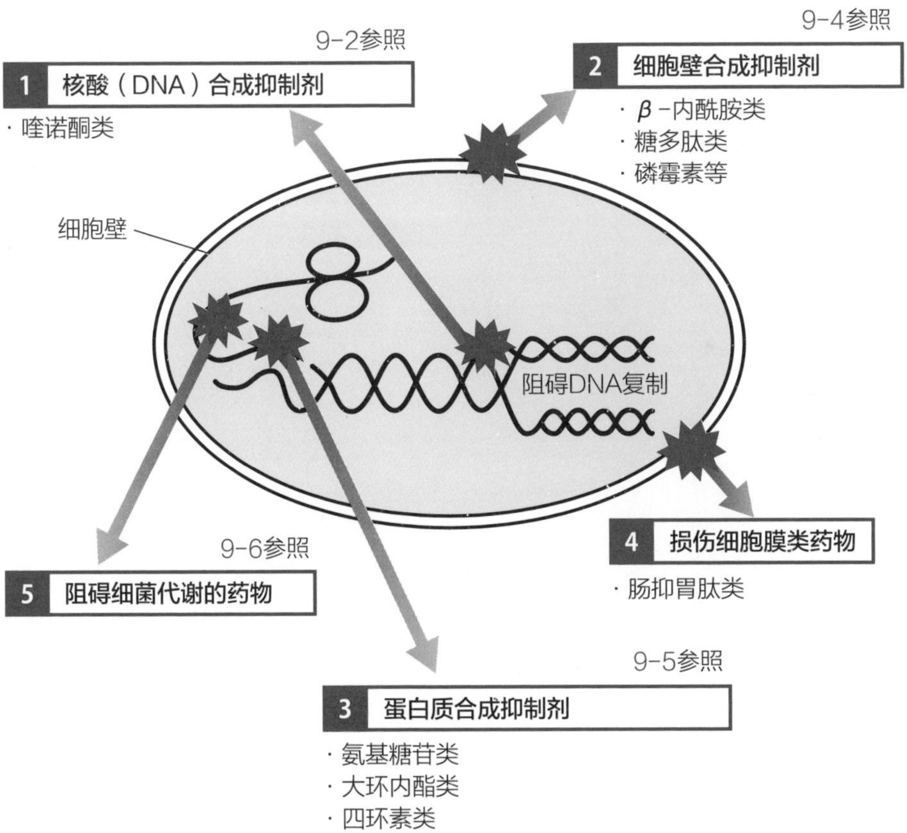

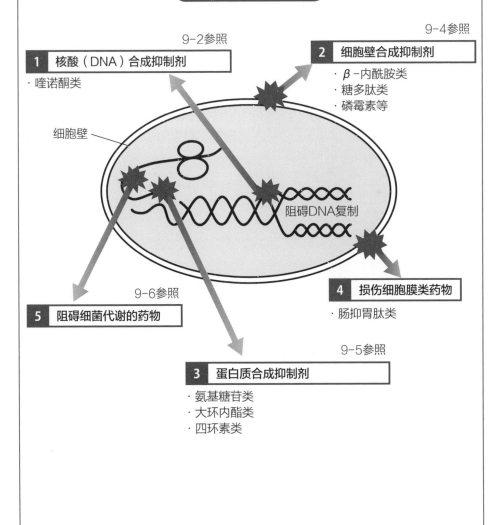

9-2参照
1 核酸（DNA）合成抑制剂
· 喹诺酮类
9-4参照
2 细胞壁合成抑制剂
· β-内酰胺类
· 糖多肽类
· 磷霉素等
细胞壁
阻碍DNA复制
9-6参照
5 阻碍细菌代谢的药物
4 损伤细胞膜类药物
· 肠抑胃肽类
9-5参照
3 蛋白质合成抑制剂
· 氨基糖苷类
· 大环内酯类
· 四环素类

Chapter 9-2

选择性抑制DNA复制的喹诺酮类抗菌药物

抑制核酸合成的抗菌药物

由于每个生物体都需要核酸，因此很容易理解，抑制核酸的合成是与抗菌药物的开发相关的。但是，由于人体也有核酸，因此只对细菌DNA起作用，而不对人体DNA起作用是十分必要的。细菌DNA是具有螺旋结构（超螺旋）并紧密地嵌入在细胞中的双链环状DNA。复制此DNA时，这种螺旋结构会被解开。当细菌分裂时，DNA分别被分配后再分离，而且DNA被切断后再重新结合。解开螺旋结构的酶是“DNA促旋酶”，而参与分配的酶是“DNA拓扑异构酶”。

修正DNA形状（螺旋结构）的酶与参与分配的酶

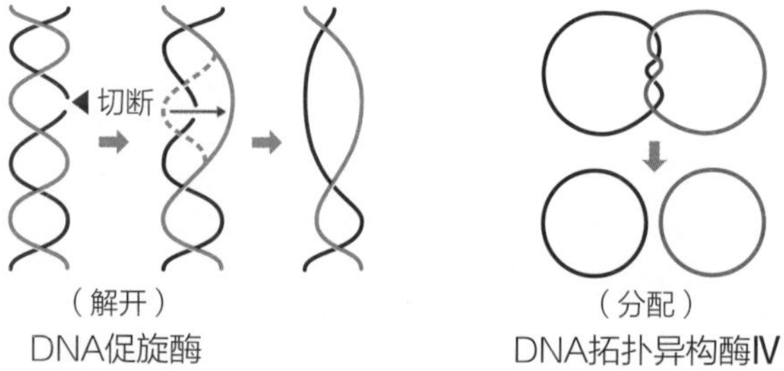
切断
（解开）
DNA促旋酶
（分配）
DNA拓扑异构酶Ⅳ

喹诺酮类抗菌药物最早于1962年被研发出来。由于这种药物仅对革兰阴性菌有效，因此又开发了对革兰阳性菌也有效的新型喹诺酮类药物。其基本化学结构是吡酮酸。诺氟沙星和氧氟沙星等药物对很多细菌，包括革兰阳性菌、铜绿假单胞菌和支原体等都显示出广泛的抗菌谱。该药物的作用机制是通过将DNA促旋酶与革兰阴性细菌结合以及将DNA拓扑异构酶Ⅳ与革兰阳性细菌结合来抑制其DNA复制。DNA拓扑异构酶也存在于人类中，但已被设计成仅与细菌结合。

File 66 喹诺酮类药物的作用

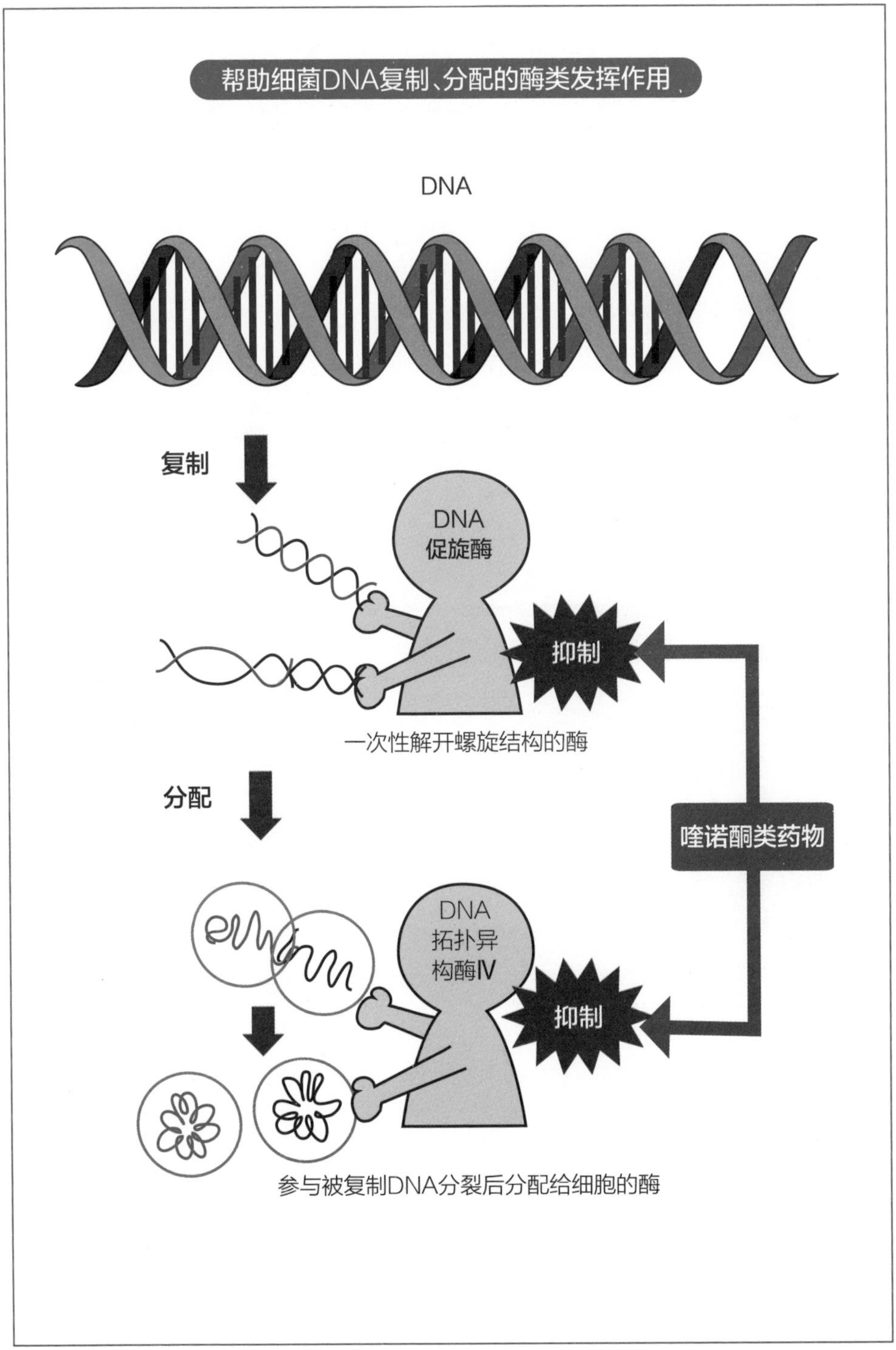
帮助细菌DNA复制、分配的酶类发挥作用
DNA
复制
DNA
促旋酶
抑制
一次性解开螺旋结构的酶
分配
喹诺酮类药物
DNA
拓扑异
构酶Ⅳ
抑制
参与被复制DNA分裂后分配给细胞的酶

Chapter 9-3

偶然被发现的青霉素

从青霉菌中产生的抗生素

抗菌药物青霉素的发现，是传染病治疗史上划时代的里程碑。青霉素到底是怎么被发现的？它始于一个偶然的巧合。1928年，英国的亚历山大·弗莱明（Alexander Fleming）在培养金黄色葡萄球菌时不小心混入了青霉菌。但是，金黄色葡萄球菌在青霉菌生长区域附近却没有增殖。弗莱明认为青霉菌会产生抑制细菌生长的物质，因此用青霉菌的学名（Penicillium chrysogenum）将其命名为盘尼西林。如果是一般的研究人员通常会立即丢弃受污染的培养基，但能从中发现新的现象应该说是一名研究者的卓越悟性了。接下来，弗莱明的发现由霍华德·沃尔特·弗洛里（Howard Walter Florey）和恩斯特·鲍里斯（Ernst Boris Chain）共同研究发展。1940年，他们成功地从青霉菌中提取和分离出了青霉素，并于次年在临床试验中证实了其作用。经过后来的改进，成功地进行了批量生产，并在第二次世界大战中被受伤的士兵大量使用。战后不久在日本也使用了青霉素。由于这项成就，弗莱明、弗洛里和鲍里斯在1945年获得了诺贝尔生理学或医学奖。

顺便说一句，“化学疗法”是一种使用化学物质抑制侵入人体的病原体的治疗方法。该术语也可用于癌症的治疗。化疗药物或化学治疗药物也可以说是一种抗菌药物。实际上，抗生素是抗菌药物的一部分。由微生物产生的化学治疗药物被称为抗生素，这与完全化学合成的抗菌药物（如磺胺类药物）不同。本来，抗菌药物最初是从青霉菌和其他微生物中提取的，但现在因为都是化学合成的药物，所以需要被区分。因此，由微生物制成的抗癌剂也称为抗生素。

自从发现青霉素以来，医药学家一直从各种各样的微生物中进行抗生素的探索。尤其是作为革兰阳性菌的放线菌（见172页）会产生许多种类的抗生素。

File 67

青霉素的故事

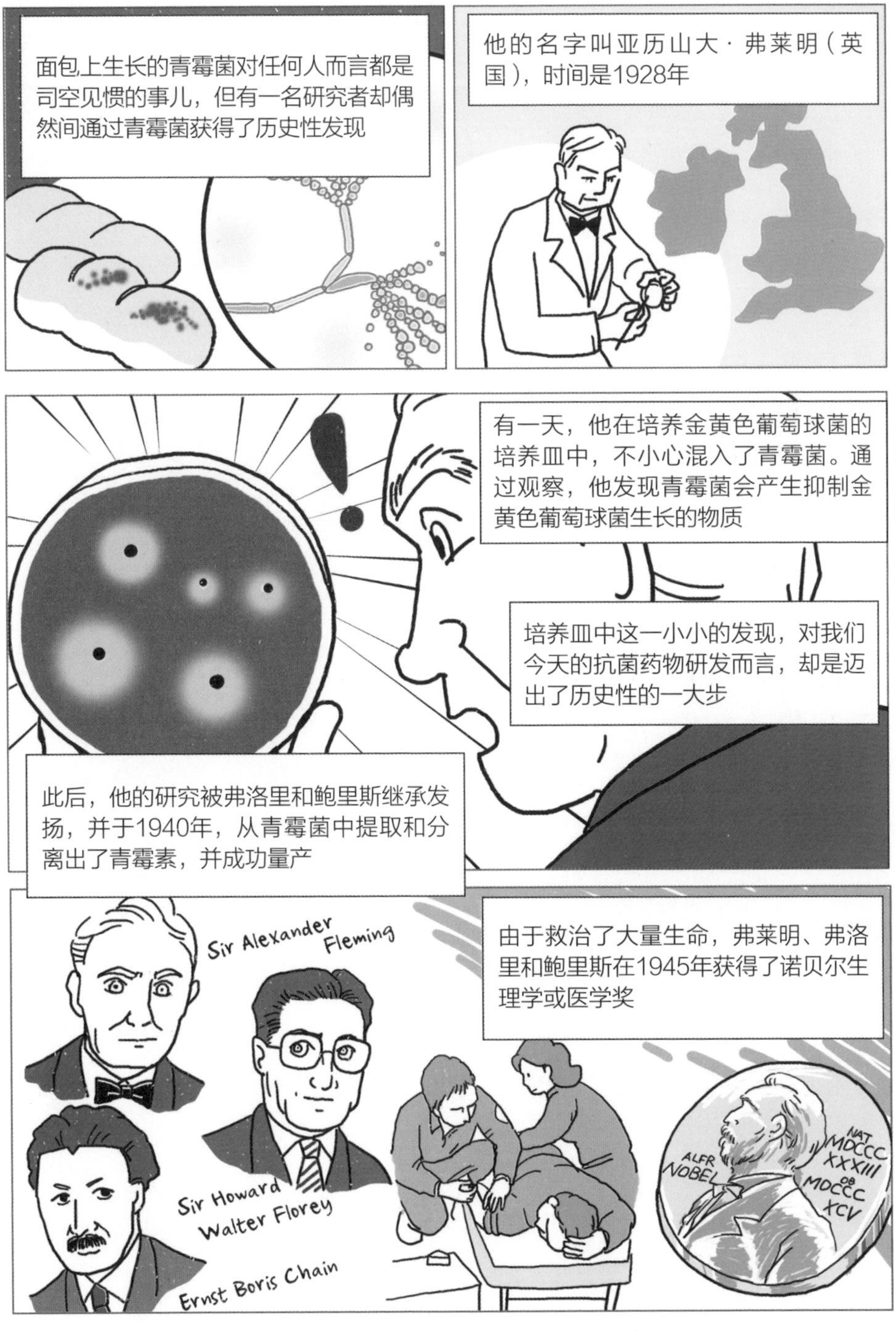
面包上生长的青霉菌对任何人而言都是司空见惯的事儿，但有一名研究者却偶然间通过青霉菌获得了历史性发现
他的名字叫亚历山大 · 弗莱明（英国），时间是1928年
有一天，他在培养金黄色葡萄球菌的培养皿中，不小心混入了青霉菌。通过观察，他发现青霉菌会产生抑制金黄色葡萄球菌生长的物质
培养皿中这一小小的发现，对我们今天的抗菌药物研发而言，却是迈出了历史性的一大步
此后，他的研究被弗洛里和鲍里斯继承发扬，并于1940年，从青霉菌中提取和分离出了青霉素，并成功量产
由于救治了大量生命，弗莱明、弗洛里和鲍里斯在1945年获得了诺贝尔生理学或医学奖
Sir Alexander Fleming
Sir Howard Walter Florey
Ernst Boris Chain
ALFR NOBEL
NAT MDCCC XXXIII
OB MDCCCC XCV

Chapter 9-4

阻止细胞壁生物合成的青霉素和头孢类抗生素

细胞壁合成抑制剂的诞生

弗莱明发现的青霉素G（苄青霉素）彻底改变了传染病的治疗方法。该药物的作用点是阻碍细菌细胞壁的生物合成。由于细胞壁是细菌在生物体内生存所必需的细胞构成成分，因此如果不能保持细胞渗透压的等张性时，细胞就会破裂。肽聚糖是由肽和糖构成的革兰阳性菌和革兰阴性菌细胞壁的共同化学物质（P.16）。这些小小的零件，也就是肽和糖，通过多种酶促反应组装形成了巨大的肽聚糖。在组装的最后阶段，酶通过与一种生物活性肽D-Ala-D-Ala结合，完成了肽聚糖的组装。比较青霉素和D-Ala-D-Ala的化学结构，两者是如此相似，以至于酶都会错误地与青霉素结合。这样，细菌就无法组装肽聚糖，最后不能形成细胞壁，最终导致细胞破裂。这种酶因为能与青霉素结合，因此也被称为青霉素结合蛋白（PBP）。

弗莱明发现的青霉素G抗菌谱窄，并且由于酸的不稳定性而无法口服。后来开发了对酸稳定的青霉素，即可以通过部分改变青霉素G的化学结构来口服。青霉素是分子内具有β-内酰胺环结构的药物的总称。一些病原体会产生青霉素酶，从而破坏β-内酰胺环。当然药物就对这种细菌无效，于是科学家进一步合成了对青霉素酶具有抗性的青霉素。广谱青霉素和氨苄青霉素就克服了抗菌谱窄这一点。

1955年，发现了头孢菌素C，其化学结构类似于青霉素，其作用与青霉素相同。与青霉素类似，有些病原体会产生头孢菌素酶，破坏活性位点。经过不断改良，药物经历了第一代、第二代、第三代和第四代，最终成为了广谱和能抵抗细菌破坏的药物。

File 68 细胞壁合成抑制剂的作用机制

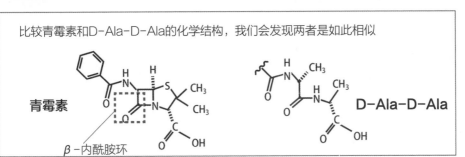

比较青霉素和D-Ala-D-Ala的化学结构，我们会发现两者是如此相似

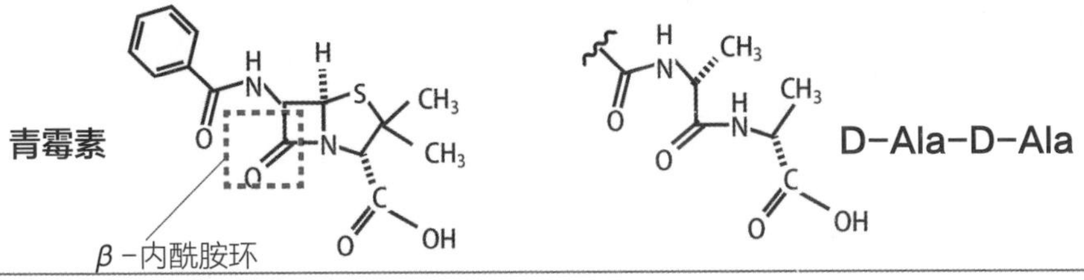

青霉素
β-内酰胺环
D-Ala-D-Ala

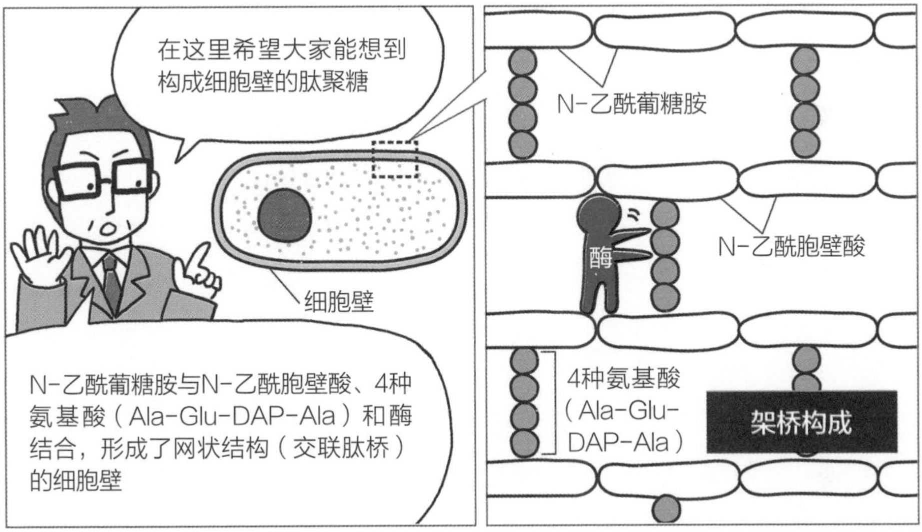

在这里希望大家能想到构成细胞壁的肽聚糖
细胞壁
N-乙酰葡糖胺与N-乙酰胞壁酸、4种氨基酸（Ala-Glu-DAP-Ala）和酶结合，形成了网状结构（交联肽桥）的细胞壁
N-乙酰葡糖胺
酶
N-乙酰胞壁酸
4种氨基酸（Ala-Glu-DAP-Ala）
架桥构成

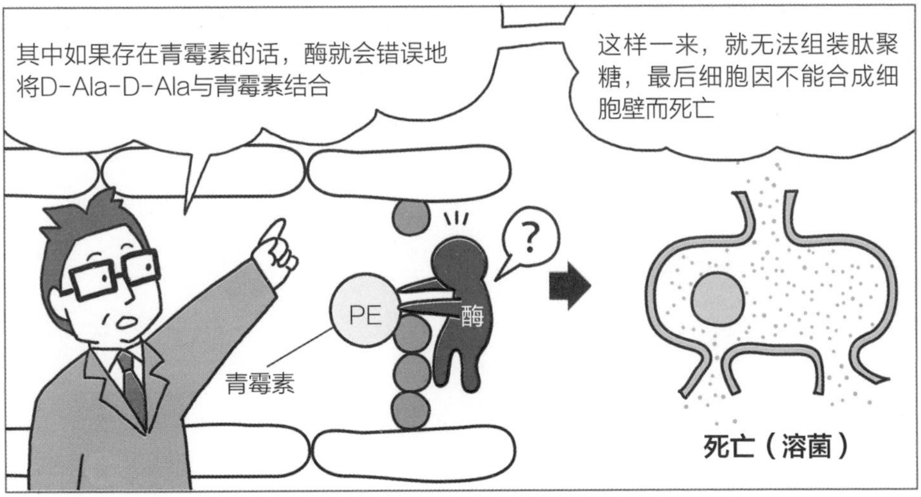

其中如果存在青霉素的话，酶就会错误地将D-Ala-D-Ala与青霉素结合
这样一来，就无法组装肽聚糖，最后细胞因不能合成细胞壁而死亡
PE
酶
青霉素
?
死亡（溶菌）

Chapter 9-5

抑制蛋白质生物合成的抗生素

蛋白质合成抑制剂

任何生物生存所需的分子都是核酸和蛋白质。没有这两种物质的生物是不存在的。因此，如果蛋白质合成停止，就能抑制细菌的生长。目标是在蛋白质的合成工厂核糖体。这里的重点是药物的选择性毒性。由于人类和细菌的蛋白质合成过程基本相同，因此有必要仅选择性地停止细菌蛋白质的合成。第2章总结了真核细胞与原核细胞之间的差异。真核细胞的人类的核糖体为80S（40S和60S亚基），而原核细胞为70S（30S和50S亚基）。利用这种差异，抗菌药物就被开发出来了。mRNA与30S亚基结合，然后与50S亚基结合形成70S核糖体。抗菌药物与这些亚基中的任何一个相结合都能停止蛋白质合成。对蛋白质合成起作用的药物具有抑菌作用，通常不具有杀菌作用。

表　抑制蛋白质生物合成的抗菌药物

抗菌药物系名	特征	药剂名
氨基糖苷类	虽然具有革兰阳性菌、革兰阴性菌和结核杆菌的广泛抗菌谱，但是由于不被消化道吸收，只能用于注射药物。氨基糖苷类只能进行杀菌	有链霉素和卡那霉素，也包括阿贝卡星，这是为数不多的针对耐甲氧西林金黄色葡萄球菌的治疗药
四环素类	显示出革兰阳性菌、革兰阴性菌或者支原体等的广泛抗菌谱。另外，由于向细胞内的转移性好，也会用于治疗细胞内寄生菌衣原体和立克次体感染	四环素和米诺环素等
大环内酯类	对大部分革兰阳性菌有效，对革兰阴性菌效果较弱。很难让药物进入细胞，因为细胞内存在吐出药物的泵	有红霉素和阿奇霉素等。另外，还有用于消除消化道幽门螺杆菌的克拉霉素

File 69 细菌蛋白质合成的抑制过程

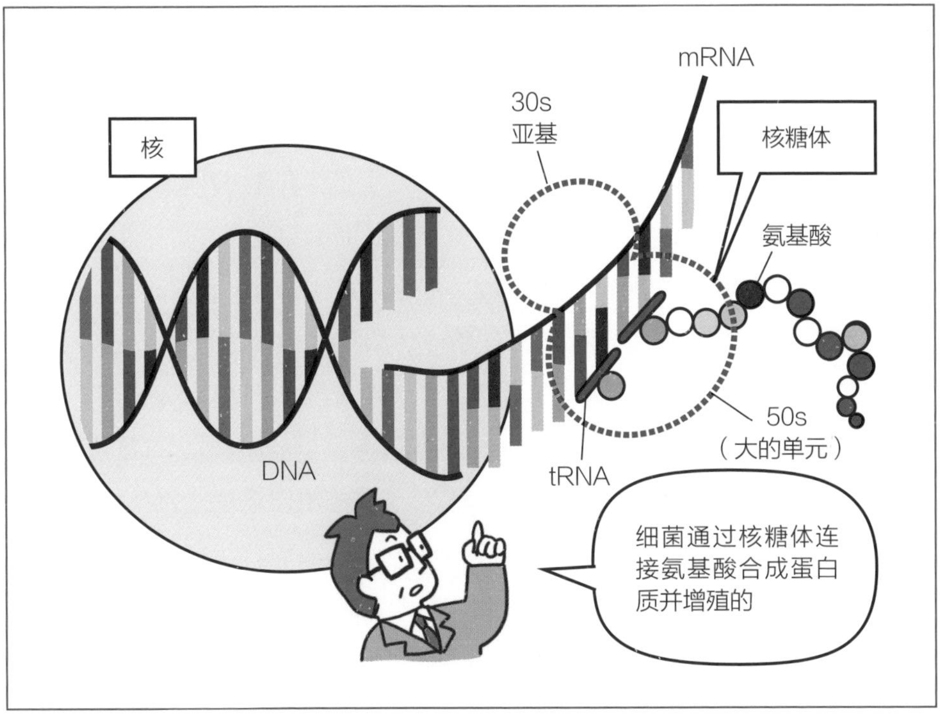

mRNA
30s
亚基
核
核糖体
氨基酸
50s
（大的单元）
DNA
tRNA
细菌通过核糖体连接氨基酸合成蛋白质并增殖的

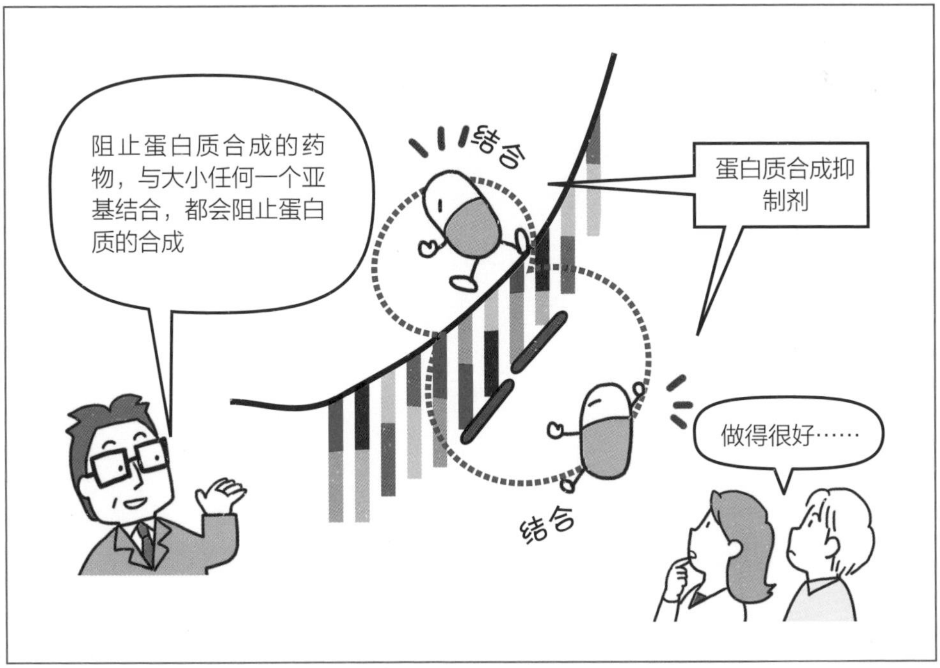

阻止蛋白质合成的药物，与大小任何一个亚基结合，都会阻止蛋白质的合成
结合
蛋白质合成抑制剂
做得很好……
结合

Chapter 9-6

使用携带细菌的伪造物——代谢拮抗药

抑制细菌代谢的抗菌药物

这种药物虽然说是伪造物，但不是假药。它是细菌生存所必需的物质的伪造品。作为药物，我们专注于叶酸的生物合成途径，叶酸是一种维生素，也是人体必需的维生素，缺乏叶酸会引起贫血，但在细菌中，叶酸是作为合成核酸的辅酶而起作用的。细菌不能像人类一样摄取食物中的叶酸，因此它自身合成叶酸来使用。所以当叶酸不足时，核酸无法被合成，细菌也会被杀死。

细菌最终以二氢蝶呤为原料合成了四氢叶酸。过程是：1）二氢蝶呤合成酶与对氨基苯甲酸结合形成二氢蝶呤酸；2）进一步转化成二氢叶酸；3）最后，由二氢叶酸还原酶合成四氢叶酸。

磺胺甲噁唑等磺胺类药物的开发历史很悠久。由于磺胺类药物的化学结构类似于二氢蝶呤合成酶的基质对氨基苯甲酸（159页File70），因此二氢蝶呤合成酶会将假冒的磺胺类药物作为正品吸收到自身细胞中。结果，生物合成反应到此为止。由于这种酶仅存在于细菌中而不存在于人类中，因此可以发挥抗菌药物的选择性毒性。它对革兰阳性菌和革兰阴性菌均具有广泛的抗菌谱，但其作用是抑菌的。对氨基水杨酸也显示出与对氨基苯甲酸相似的化学结构。它对结核分枝杆菌有影响。代谢拮抗药的基本原理是如何制造与代谢有关的假物质。

另外，尽管化学结构不同于磺胺类药物，但甲氧苄氨嘧啶可抑制二氢叶酸还原酶。如果能同时阻断叶酸合成途径的两个位点，抗菌作用应该会提高。基于这一想法，开发出了一种ST混合剂，是将磺胺类药物磺胺甲噁唑与甲氧苄氨嘧啶以5：1的比例混合。这不仅对细菌有效，而且对肺孢子菌肺炎也有效。

File 70

用磺胺类药物欺骗细菌

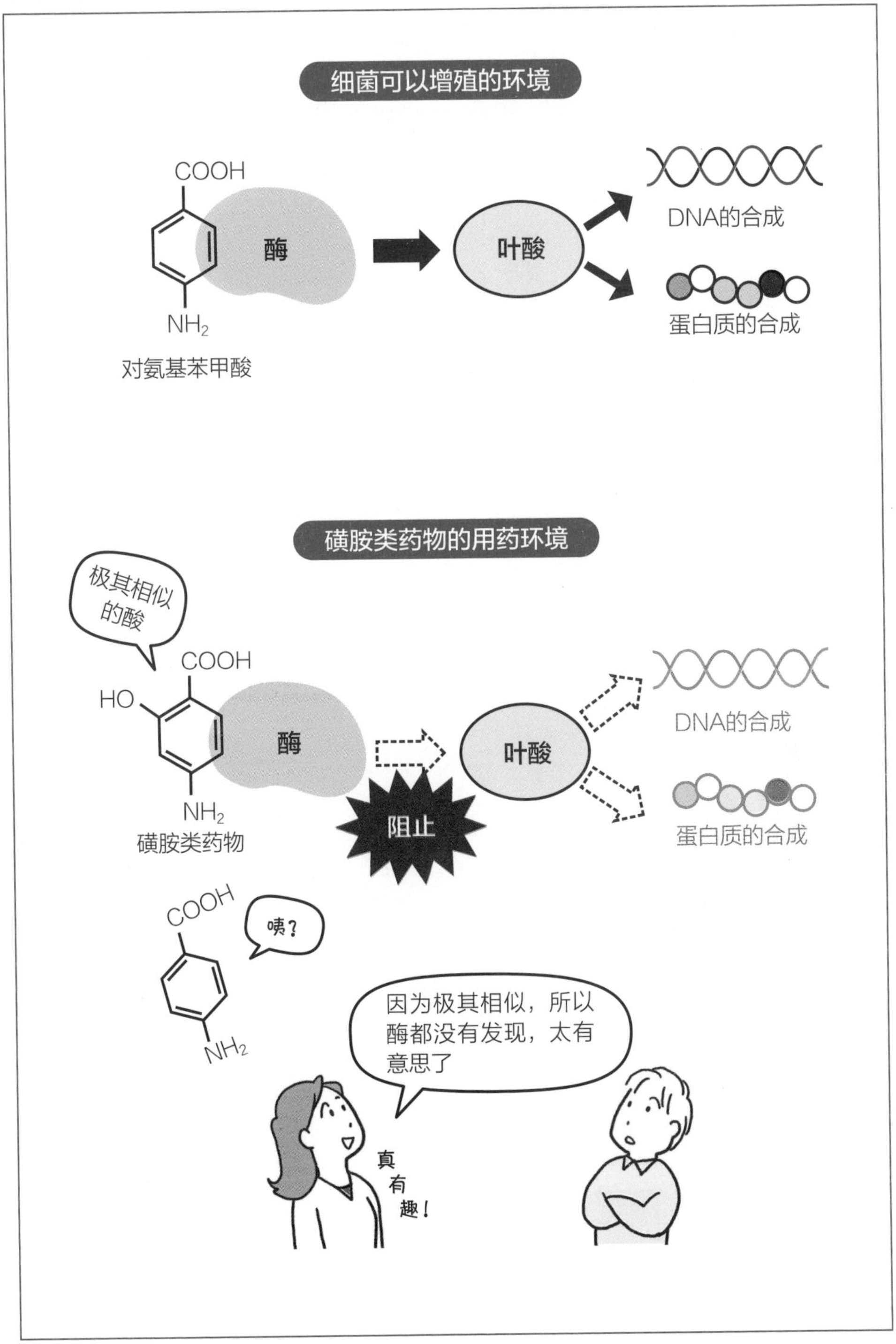
细菌可以增殖的环境
COOH
酶
叶酸
DNA的合成
蛋白质的合成
NH_2
对氨基苯甲酸
磺胺类药物的用药环境
极其相似的酸
COOH
HO
酶
叶酸
DNA的合成
蛋白质的合成
阻止
NH_2
磺胺类药物
COOH
咦？
NH_2
因为极其相似，所以酶都没有发现，太有意思了
真有趣！

Chapter 9-7

病原体也会抵抗抗菌药物，从而获得延长生命的能力

病原菌的反击已经开始

抗生素把我们从感染的威胁中拯救出来。但是，病原体也不是沉默地认输，从几十年前开始，病原体就已经反击了。换句话说，无论增加多少抗菌药物或改变抗菌药物的类型，效果都不会太大了。抗菌药物对其不起作用的细菌称为“耐药菌”，多种抗菌药物对其都不起作用的细菌称为“多重耐药菌”。实际上，抗生素的使用量与耐药菌的出现频率相关。耐药菌使药物无效的主要机制如下。

1）**使抗菌药物失活的耐药细菌**：由于β-内酰胺环对青霉素的抗菌能力很重要，因此破坏它会使青霉素失去功效。耐药菌通过产生β-内酰胺环裂解酶和β-内酰胺酶来破坏β-内酰胺环。氯霉素因其化学结构中的-OH部分转变为$-COCH_3$（乙酰基）而失效。该乙酰基与耐药菌产生的乙酰化酶进行反应。类似地，在氨基糖苷类药物中，其-OH部分会被磷酸代替。这样，耐药菌会促使抗菌药物的化学结构发生变化，从而使其失去效力。

2）**将药物排出到细胞外部**：病原菌可以将进入细胞内的药物排出，该装置称为排药泵。四环素通过该泵被排出到细胞外。抗真菌药中的氟康唑等唑类药物也通过排药泵排出。细胞内没有药，所以自然地就没有效果。

3）**药物亲和力降低**：氨基糖苷类和大环内酯类药物可抑制蛋白质合成，并通过结合细菌的核糖体RNA而发挥作用。如果结合位点的氨基酸发生突变，则药物就无法结合。

那么，耐药性的酶来自哪里呢？许多看法是将其归因于耐药性质粒。本来对某种抗菌药物敏感的细菌，如果从别的细菌那里获得了这种质粒时，就会产生耐药性。

File 71

病原菌的反击

药物耐药性的种类

1）使抗菌药物失活

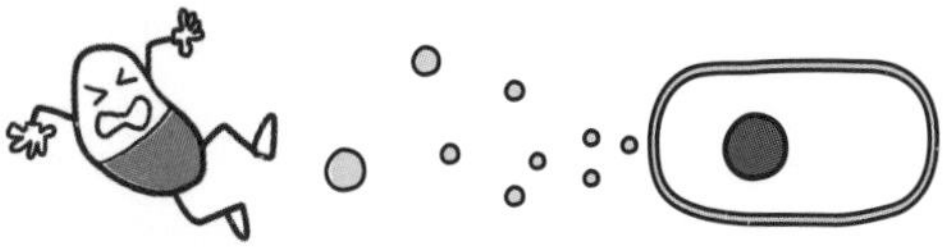

产生能够使抗菌药物失效的酶

2）将药物排出到细胞外部

具备将药物排出的装置

3）药物亲和力的降低

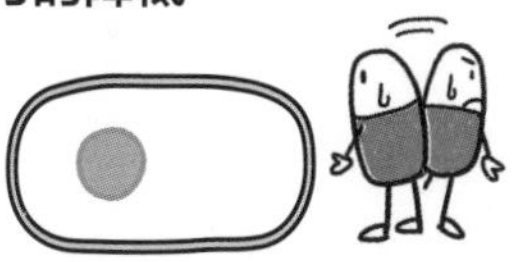

病原体自身结构改变

质粒上耐药基因的扩散方式

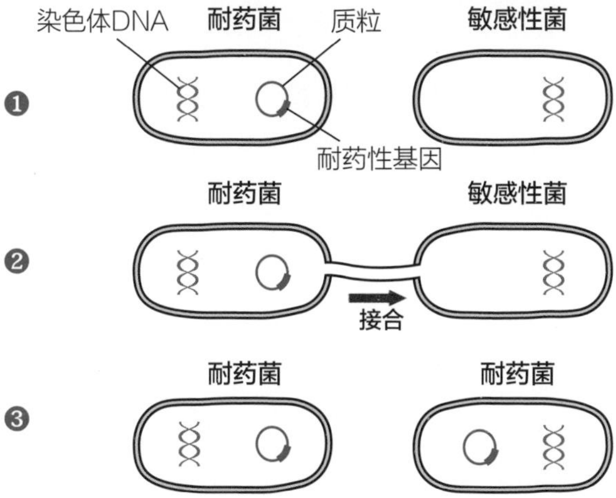
染色体DNA
耐药菌
质粒
敏感性菌
❶
耐药性基因
耐药菌
敏感性菌
❷
接合
耐药菌
耐药菌
❸

如果质粒中含有多个耐药基因，那接收了该耐药基因的敏感性菌也会变为多重耐药菌

Chapter 9-8

与MRSA战斗

与细菌的无尽斗争

耐甲氧西林金黄色葡萄球菌（MRSA）的出现已成为每个国家的重要问题。青霉素在战后开始广泛使用，但也出现了产生青霉素酶的细菌，该酶破坏了青霉素的β-内酰胺环。为了解决这个问题，开发出了不被青霉素酶降解的甲氧西林，但是很快又出现了对甲氧西林有抗性的金黄色葡萄球菌（MRSA）。自20世纪80年代以来，由MRSA引起的医院感染在世界范围内变得更加严重，如今，从患者身上分离出的大多数金黄色葡萄球菌都是MRSA。虽然称为甲氧西林耐药，但实际上，它通常对许多种抗菌药物都具有耐药性。β-内酰胺类抗菌药物（例如青霉素）会阻止肽聚糖的合成，而肽聚糖是细胞壁的组成部分。参与细胞壁合成的酶中有与青霉素结合的位点（青霉素结合蛋白，PBP），但是MRSA会产生新的PBP，因此药物无法与其结合。新的PBP由被称为mec的基因合成，该基因从其他细菌传递过来。

现在，轮到我们再次面对MRSA了。我们开发了抗MRSA药物万古霉素。该药物通过直接结合D-Ala-D-Ala部分（肽聚糖的组成部分之一）来起作用。

但是，又出现了对万古霉素具有抗药性的新细菌VRSA（耐万古霉素的金黄色葡萄球菌）。VRSA的策略是将D-Ala-D-Ala更改为乳酸或丝氨酸，以使万古霉素不结合。现在，我们必须开发能够以全新的思维方式与丝氨酸结合或对抗VRSA的药物。不仅是金黄色葡萄球菌，其他的病原菌也可以根据它们的对手一次又一次地改变其化学结构，真的可以说是优秀的化学家了。

File 72

敏感性细菌和耐药菌的区别

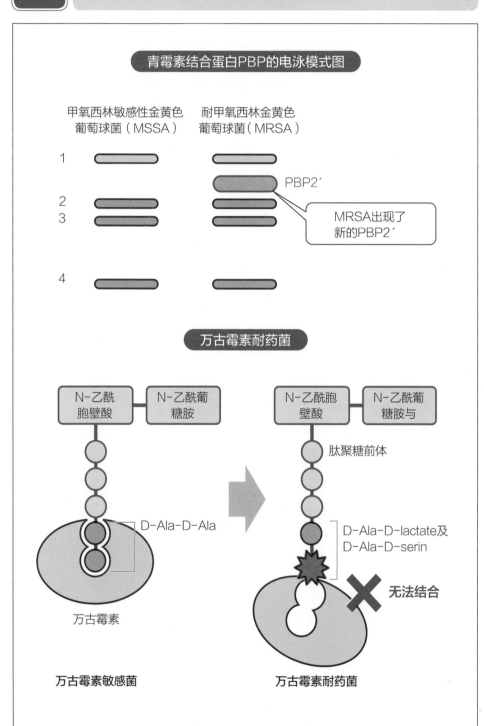

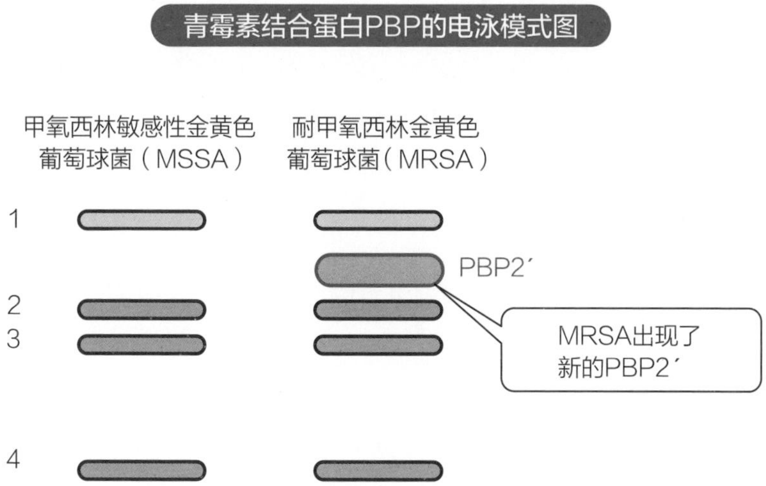
青霉素结合蛋白PBP的电泳模式图
甲氧西林敏感性金黄色葡萄球菌（MSSA）
耐甲氧西林金黄色葡萄球菌（MRSA）
1
2
3
4
PBP2´
MRSA出现了新的PBP2´

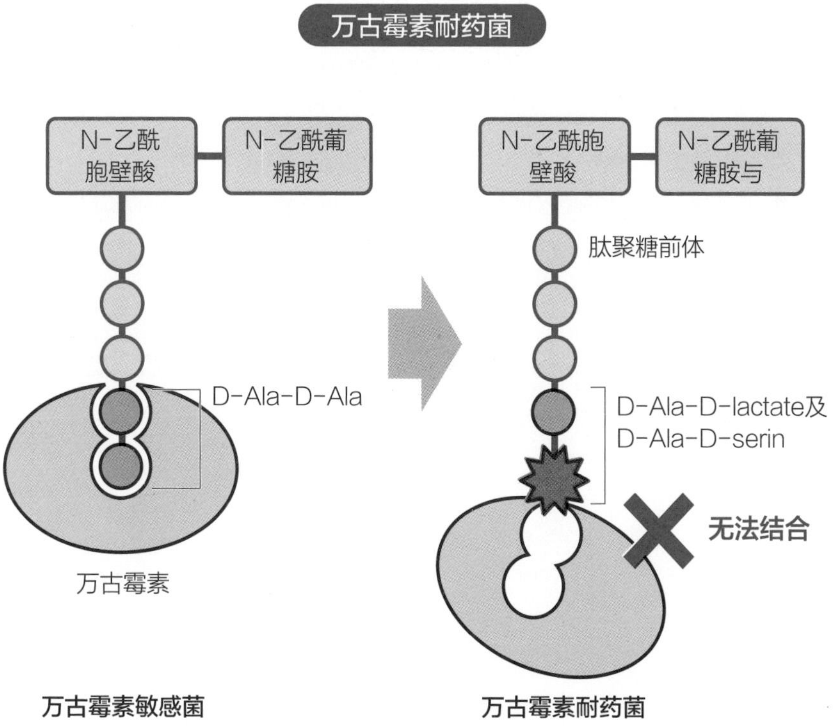
万古霉素耐药菌
N-乙酰胞壁酸
N-乙酰葡糖胺
D-Ala-D-Ala
万古霉素
万古霉素敏感菌
N-乙酰胞壁酸
N-乙酰葡糖胺与
肽聚糖前体
D-Ala-D-lactate及
D-Ala-D-serin
无法结合
万古霉素耐药菌

Chapter 9-9

使用抗菌药物引起的新感染

什么是细菌交替

只对特定病原体起作用的抗菌药物很难存在。由于我们的身体布满了各种各样的微生物，因此抗菌药物的使用可能会破坏本来无效的正常人体微生物的平衡。换句话说，所使用的抗菌药物也抑制了人体正常菌群的生长。此外，由于一部分正常菌群能存活下来，因此它们会进行选择性地增殖。结果，这些细菌可能引起新的感染，称为“细菌交替”。考虑到作用机理，广谱抗菌药物更可能会引起细菌交替。主要的发病部位是肠道、口腔和阴道。

1）**由肠道细菌平衡被破坏引起的细菌交替**：艰难梭菌是一种存在于肠道的厌氧性革兰阳性杆菌。当使用多种抗菌药物，如克林霉素、林可霉素和头孢类等广谱抗菌药物时，肠道正常菌群可能会受到干扰，导致异常增殖。这种细菌会产生毒素，在大肠黏膜上引起溃疡，并在其上形成假膜。结果引起腹泻，严重时可能导致死亡。治疗方法是停药和改用万古霉素。另外，由金黄色葡萄球菌和铜绿假单胞菌引起的感染也是已知的。

2）**阴道内细菌的平衡被破坏而引起的细菌交替**：由于阴道是与外界的接触部位，因此它有各种防御机制，是维持女性健康的器官。阴道中存在许多乳酸菌，通过产生乳酸使阴道pH值保持弱酸性。许多细菌无法在弱酸性的环境中生存，因此它们阻止了外来病原体的入侵。另一方面，真菌中的念珠菌也存在于这里。抗菌药物的使用抑制了有益的乳酸菌生长，那么对抗菌药物无效的念珠菌就会得以幸存。结果，就会发展成外阴瘙痒的阴道念珠菌病。

File 73

引起细菌交替的机制

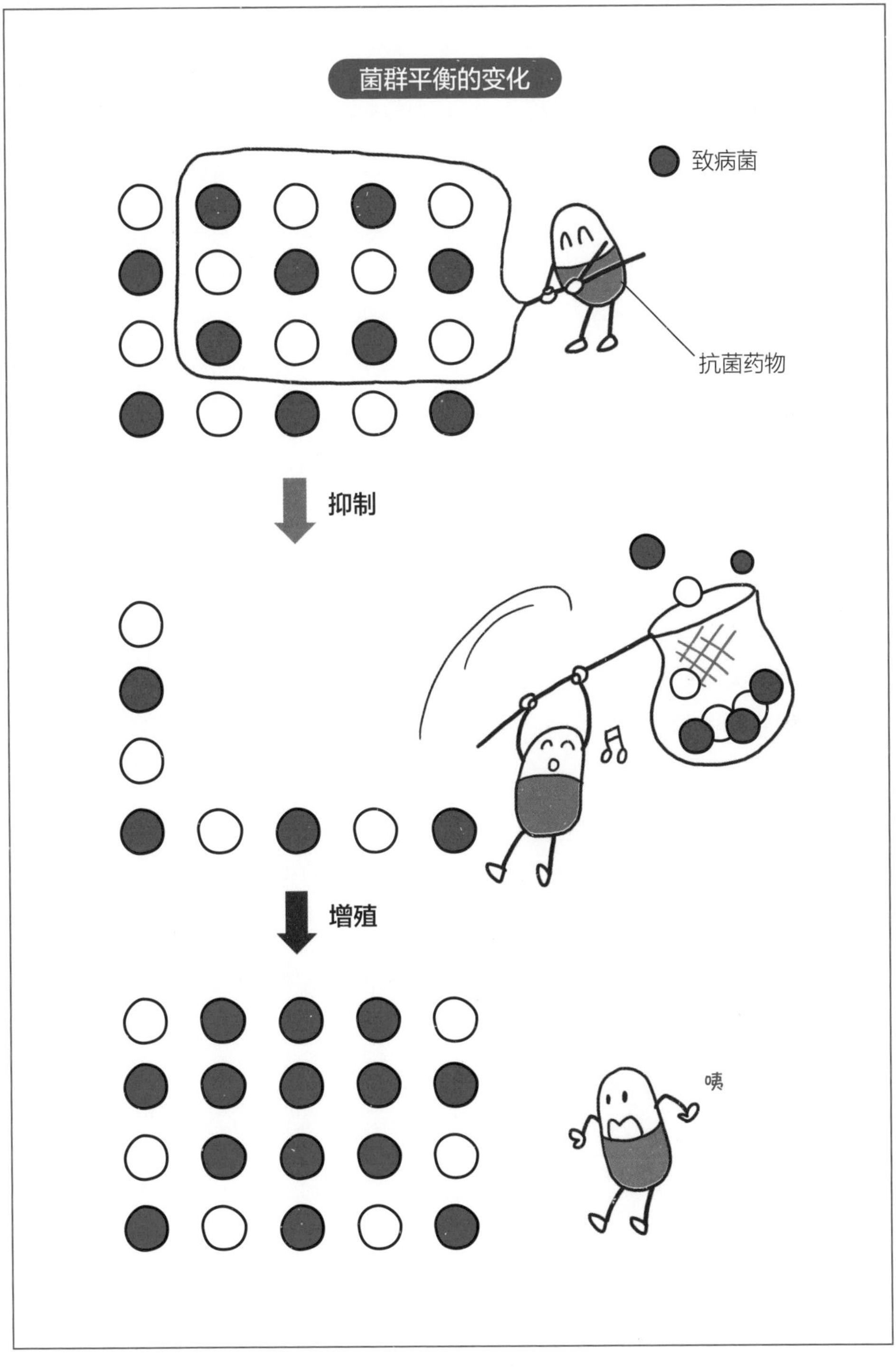

菌群平衡的变化
致病菌
抗菌药物
抑制
增殖
咦

Chapter 9-10

从HIV增殖过程中了解抗HIV药物

抗病毒药物中最常见的抗HIV药物

人类免疫缺陷病毒HIV引起的感染性疾病，如果不进行治疗，预后很差。因此，在抗病毒药物中，抗HIV药物种类最多。前文曾叙述过HIV的增殖过程，这里从药物的作用点来总结一下。

1）**与HIV的受体结合**：HIV通过CD4阳性T淋巴细胞表面的趋化因子受体（CCR5和CXCR4）结合。当前，有一些药物可以阻断病毒与CCR5受体的结合。

2）**HIV基因组的逆转录**：HIV使用其自身的逆转录酶将RNA转录成DNA。人类是将DNA转录为RNA的生物，因此它们没有逆转录酶。所以，抑制HIV逆转录酶会导致极高的选择毒性。要使用一种化学结构类似于该酶基质的核酸碱基的药物。酶会错误地将伪造物当成真东西来摄取，从而阻止了DNA的合成。除此之外，还有直接与逆转录酶结合以使酶失活的药物。

3）**HIV基因组整合到人类染色体中**：当它逆转录成DNA时，它会利用HIV自身产生的一种称为整合酶的酶渗透到人类染色体中，HIV就会变成完全寄生于人类的状态。这种酶在人类中也不存在，因此具有很高的选择性毒性。

4）**HIV的成熟**：蛋白酶是一种水解酶，对于病毒成熟是必需的。因此，对该功能的抑制也可抑制病毒的生长，但是通常很难将HIV产生的蛋白酶作为药物目标。这是因为人也有蛋白酶，因此，我们比较了人类和HIV蛋白酶的氨基酸序列，并搜索仅存在于HIV中的氨基酸序列。在此能选择性切割的药物就是蛋白酶抑制剂。

如上所述，抗HIV药物会干扰HIV的所有增殖过程。

File 74

HIV治疗药物的作用点

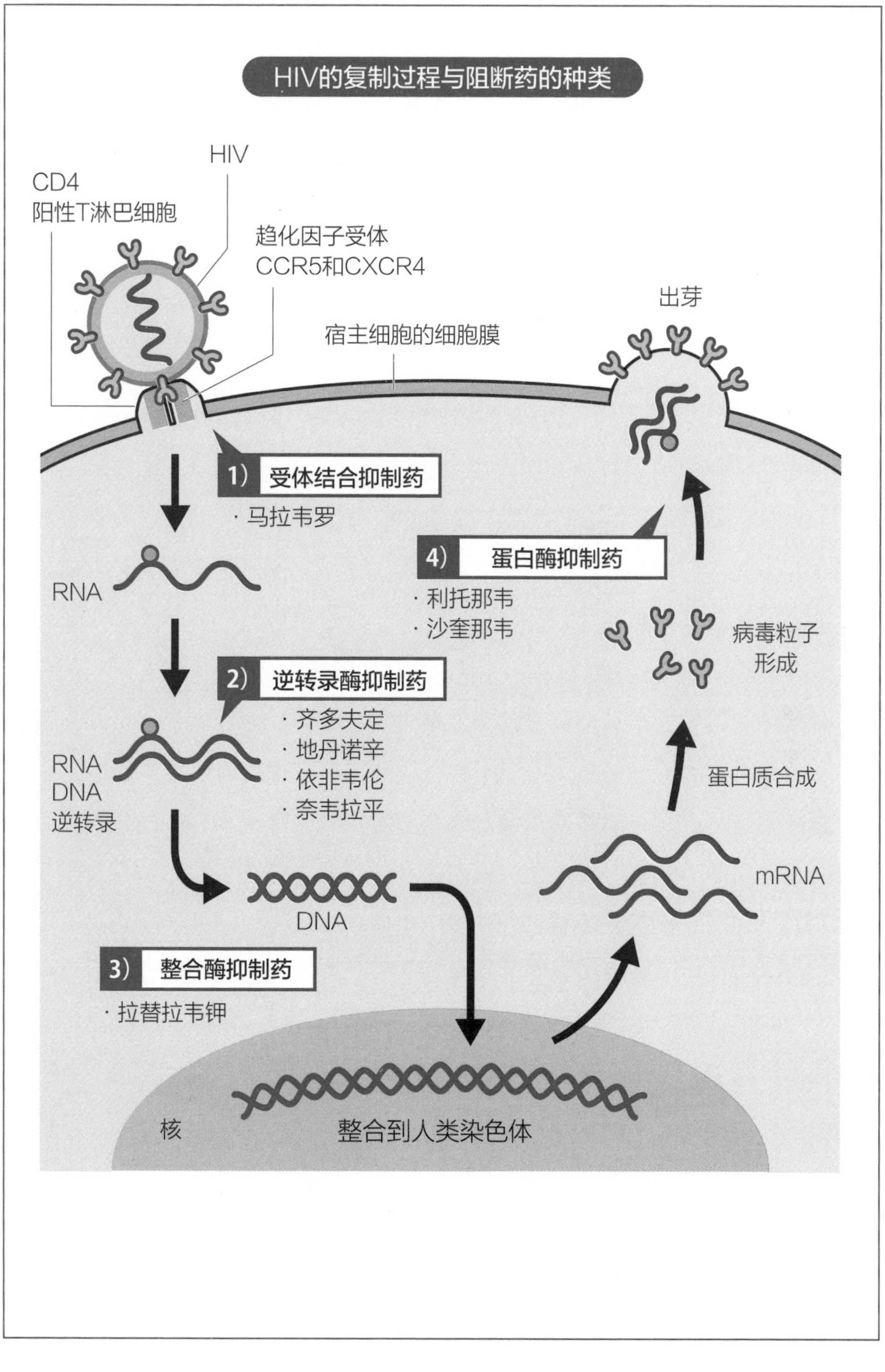
HIV的复制过程与阻断药的种类
HIV
CD4
阳性T淋巴细胞
趋化因子受体
CCR5和CXCR4
宿主细胞的细胞膜
出芽
1）受体结合抑制药
· 马拉韦罗
RNA
4）蛋白酶抑制药
· 利托那韦
· 沙奎那韦
病毒粒子
形成
2）逆转录酶抑制药
· 齐多夫定
· 地丹诺辛
· 依非韦伦
· 奈韦拉平
RNA
DNA
逆转录
蛋白质合成
mRNA
DNA
3）整合酶抑制药
· 拉替拉韦钾
核
整合到人类染色体

Chapter 9-11 为什么抗真菌药这么少

抗真菌药物对于细胞壁和细胞膜的作用点

与抗细菌和抗病毒药物相比，抗真菌药物的数量很少。这是因为真菌有与人类相同的真核细胞，因此很难发现高选择性毒性。在这种情况下发现的作用点就是细胞壁和细胞膜。致病真菌有一百多种，引起真菌病的真菌中，念珠菌、曲霉、隐球菌和癣菌占多数。因此，抗真菌药的研发也是主要针对这些病原菌的。

1）**棘霉素类：**由于人类没有细胞壁，因此它们会变成具有高选择性毒性的作用部位。细菌的主要细胞壁成分是肽聚糖，但在真菌中由β葡聚糖组成。阻断β葡聚糖的生物合成途径可以杀死真菌细胞。该药物最初由一家日本制药公司开发，该公司从一种真菌中提取。换句话说，真菌产生了能杀死真菌的物质，这一点也是很有趣。

2）**唑类：**作用点是细胞膜。人体细胞膜由胆固醇组成，而真菌的细胞膜是麦角固醇。用于治疗真菌血症和肺真菌病的药物有伊曲康唑、氟康唑和伏立康唑。这些药物能抑制麦角固醇的生物合成酶。抗菌谱广并且几乎没有不良反应，因此使用最广泛，但是近年来，耐药菌的出现已经成为一个问题。许多抗真菌药也被归类为唑类，大多数为外用药，但伊曲康唑可以口服治疗灰指甲。每天2次，共1周，然后停药3周，重复3个周期。这是为了使这种药物高浓度地积聚在指甲而开发出的给药方法。

3）**其他抗真菌剂：**有与细胞膜麦角固醇结合的两性霉素B。它具有很强的杀菌活性，几乎没有耐药菌，但副作用却是肾毒性。现在已经开发出了核糖体制剂来减轻这种情况。特比萘芬没有被分类为唑类，但与唑类一样，它可以抑制细胞膜的合成，对癣菌有很好的治疗效果。

File 75

抗真菌药的作用点和分类

抗真菌药的作用点

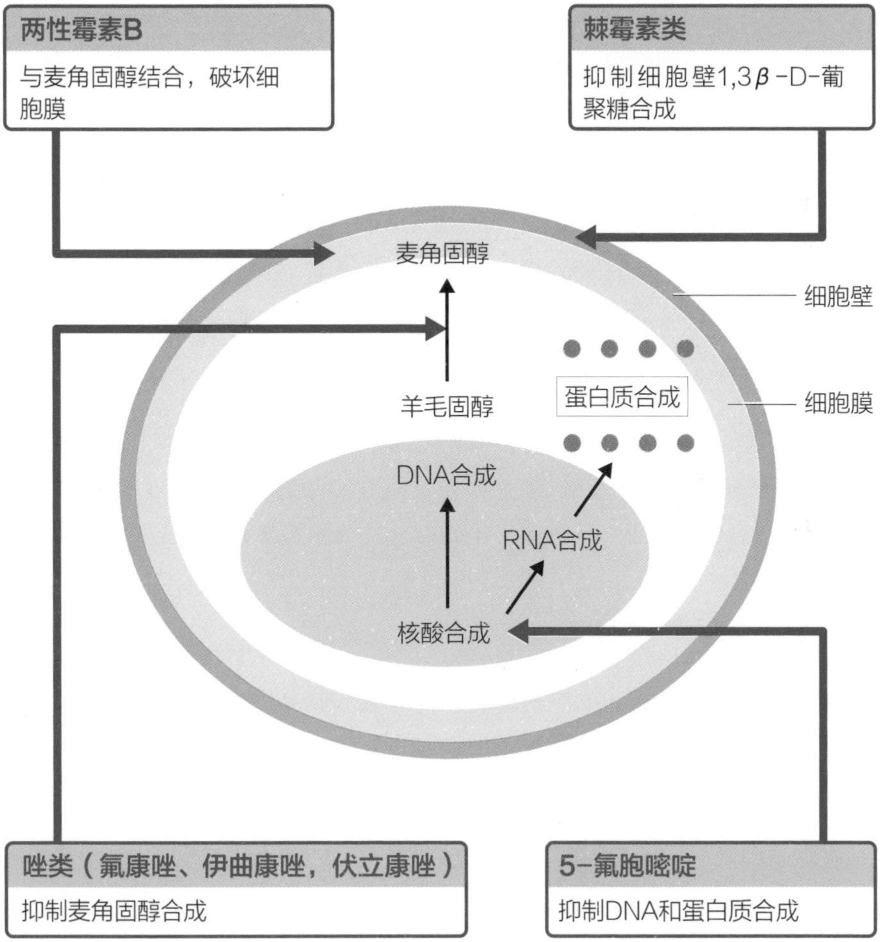

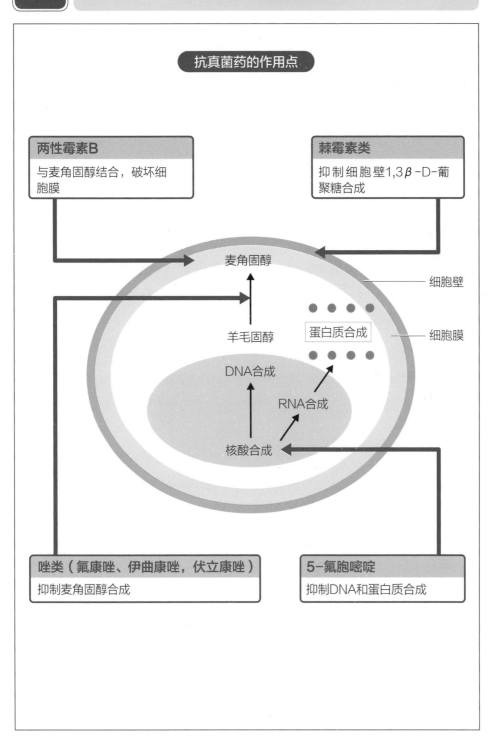

两性霉素B
与麦角固醇结合，破坏细胞膜
棘霉素类
抑制细胞壁1,3β-D-葡聚糖合成
麦角固醇
细胞壁
羊毛固醇
蛋白质合成
细胞膜
DNA合成
RNA合成
核酸合成
唑类（氟康唑、伊曲康唑，伏立康唑）
抑制麦角固醇合成
5-氟胞嘧啶
抑制DNA和蛋白质合成

Chapter 9-12

化疗和疫苗的区别

疫苗的种类和特征

“化学疗法”是一种使用化学物质抑制侵入人体的病原体的治疗方法，“疫苗”是一种用于预防传染病的药物。用更免疫学的方式来说，就是通过注射病原体的抗原，来获得抗原特异性免疫记忆。免疫，顾名思义就是免除瘟疫。当被病原体“感染”时，它试图中和并产生病原体特异性的抗体。此外，为了防止第二次感染，有关病原体的信息会存储在免疫系统的细胞中（见42页），应用了这一原理的就是疫苗。请再次参见第6章的内容。詹纳通过实验证明，他给人接种牛痘，之后再接种天花那人也没有发病。当然，天花疫苗接种可能会对天花病毒提供特定的免疫力，但是这种病毒对人类具有高致病性，因此无法接种。所以，我们着力于牛痘病毒，它具有与天花病毒相同的抗原特性。即使感染了该病毒，也不会出现严重的症状，因此可以进行疫苗接种。疫苗的首要条件是安全性高。换句话说，接种病原体引起传染病是没有意义的。因此，我们在保持抗原性的同时，也要制造获得免疫力的材料。

总结一下活疫苗和成分疫苗的特征。

活疫苗：为了减弱病原性，使病原体反复传播以减少致病性。例如，作为传代的结果，脊髓灰质炎病毒在人的肠道中生长良好，但并未在全身传播。因此，它不是致病的。

成分疫苗：仅提取特定抗原。例如，HA（红细胞凝聚素）作为流感病毒抗原很重要。因此，在增殖该病毒后，仅提取HA部分并将其用作疫苗。厚生劳动省预测亚型流感病毒将流行，并开始生产疫苗。

File 76 主要使用疫苗的疾病名称

疫苗的种类和特征

名称	特征	主要的疾病名称
活疫苗 	虽然是活着的病原体，但致病性减弱	结核、脊髓灰质炎、麻疹、风疹、腮腺炎
灭活疫苗 	已经死亡的病原体	狂犬病、肺炎
成分疫苗 	只利用预防感染相关的成分	流感、乙型肝炎
类毒素疫苗 	无毒处理后的细菌毒素	破伤风、白喉

登录厚生劳动省的官网主页，有疫苗及接种的最新消息哟

Chapter 9-13

微生物是优秀的制药工厂

微生物会产生杀死微生物的物质吗

青霉菌产生的抗菌药物青霉素的发现拉开了抗菌药物开发的帷幕。过去，由微生物产生的抑制其他微生物生长的化学物质被称为抗生素，但是如今，由微生物产生的具有生理活性的化学物质作为抗生素具有了更广泛的意义。我们发现微生物还能产生具有抗肿瘤作用的物质。但是，大多数抗生素还是抗菌药物。

抗菌药物大多是由放线菌产生的。这种真菌之所以被称为放线菌，是因为它呈放射状地传播菌丝。放线菌存在于任何土壤中，据说1克沙子中就存在100个放线菌。因此，放线菌猎人从世界各地收集沙子以寻找抗生素。从分类学的角度来看，放线菌中链霉菌属产生的抗生素最多。放线菌产生的典型抗菌药物包括链霉素、阿奇霉素、红霉素和利福霉素（利福平此后被半合成）。有趣的是，针对MRSA的抗菌药物（万古霉素和达托霉素）也在放线菌产生的物质中被发现。MRSA对多种抗菌药物均具有抗药性。

放线菌不仅能产生抗菌剂，而且还能产生抗肿瘤药。阿霉素、表柔比星和柔红霉素都属于蒽环类药物，可抑制肿瘤细胞中的DNA合成。丝裂霉素C、放线菌素D和盐酸博来霉素也抑制DNA合成，它们均源自放线菌。阿维菌素是一种有效的抗犬丝虫和螨虫的动物用抗寄生虫药，也来源于放线菌。

除抗微生物药外，免疫抑制药他克莫司也是由放线菌产生的。抑制真菌细胞壁合成的抗真菌药物米卡芬净钠是由真菌产生的。由真菌产生的另一种药物美伐他汀，是一种用于治疗高胆固醇血症的药物。

File 77

不可思议的放线菌

微生物会产生杀死微生物的物质吗
放线菌真是一种不可思议的微生物呀
是的哟。据说是因为它想独占食物，所以会杀死其他微生物，对此大家怎么看呢
放线菌
如果不能产生对人类有益的微生物，恐怕上帝也会对人类满怀歉意吧
ホー
哈哈，但确实是这么回事儿
只能问一下微生物啦
不由喜欢上了微生物

小明和小香获得了高杉老师的学分，并顺利晋级。

专栏

抗菌图谱

通过抗菌药物可以了解到其药效覆盖的范围及病原微生物的敏感性。

抗菌药物		金黄色葡萄球菌(MRSA)	金黄色葡萄球菌(MSSA)	链球菌	肺炎球菌	白喉杆菌	梭菌	淋球菌	脑膜炎菌	流感嗜血杆菌	大肠杆菌	沙门氏菌	肺炎杆菌	痢疾菌	塞拉菌	绿脓杆菌	拟杆菌	支原体	结核杆菌	螺旋体	立克次体	衣原体
青霉素类	氨苄西林	□	■	■	■	■	■	■	■	■	■	■	■	■	□	■	■	□	□	■	□	□
	哌拉西林	□	■	■	■	■	■	■	■	■	■	■	■	■	■	■	■	□	□	■	□	□
头孢菌素类	头孢氨苄	□	■	■	■	■	□	■	■	□	■	■	■	□	□	□	□	□	□	■	□	□
	头孢克肟	□	□	■	■	□	□	■	□	■	■	■	■	■	■	□	■	□	□	□	□	□
	头孢特仑	□	■	■	■	□	□	■	□	■	■	■	■	■	■	□	■	□	□	□	□	□
	头孢地尼	□	■	■	■	□	■	■	□	■	■	■	■	□	□	■	■	□	□	□	□	□
	头孢唑啉	□	■	■	■	■	□	■	■	■	■	■	■	■	□	□	□	□	■	■	□	□
	头孢呋辛酯	□	■	■	■	■	■	■	■	■	■	■	■	■	□	■	□	□	■	■	□	□
	头孢孟多	□	■	■	■	■	■	□	□	■	■	■	■	■	□	□	□	□	□	□	□	□
	头孢噻肟钠	□	■	■	■	■	■	■	■	■	■	■	■	■	■	■	■	□	□	■	□	□
	头孢吡肟	□	■	■	■	■	■	■	■	■	■	■	■	■	■	■	■	□	□	□	□	□
	头孢他啶	□	■	■	■	■	■	■	■	■	■	■	■	■	■	■	■	□	□	□	□	□
β-内酰胺类	拉氧头孢钠	□	■	■	■	■	■	■	■	■	■	■	■	■	■	■	■	□	□	■	□	□
	氟氧头孢钠	▨	■	■	■	■	■	■	■	■	■	■	■	■	■	□	■	□	□	□	□	□
	亚胺培南	▨	■	■	■	■	■	■	■	■	■	■	■	■	■	■	■	□	□	□	□	□
	氨曲南	□	□	□	□	□	□	□	□	■	■	□	■	□	□	■	□	□	□	□	□	□
氨基糖苷类	链霉素	□	■	■	■	■	□	■	■	■	■	■	■	■	■	□	□	□	■	■	□	□
	卡那霉素	□	■	■	■	■	□	■	■	■	■	■	■	■	□	■	□	□	■	■	□	□
	阿米卡星	□	■	■	■	■	□	■	■	■	■	■	■	■	■	■	□	□	■	■	□	□
	阿贝卡星	■	■	■	■	■	□	■	■	■	■	■	■	■	■	■	□	□	□	□	□	□
	庆大霉素	□	■	■	■	■	□	■	■	■	■	■	■	■	■	■	□	□	■	□	□	□
四环素类	多西环素	▨	■	■	■	■	■	■	■	■	■	■	■	■	■	■	■	■	□	■	■	■
	米诺环素	▨	■	■	■	■	■	■	■	■	■	■	■	■	■	■	■	■	□	■	■	■
大环内酯类	红霉素	□	■	■	■	■	■	■	■	■	□	□	□	□	□	□	■	■	□	■	■	■
	克拉霉素	□	■	■	■	□	■	■	□	■	□	□	□	□	□	□	■	■	□	□	□	■
喹诺酮类	诺氟沙星	▨	■	■	■	■	□	■	■	■	■	■	■	■	■	■	□	□	□	□	□	□
	氧氟沙星	▨	■	■	■	■	■	■	■	■	■	■	■	■	■	■	■	■	□	□	□	■
其他	万古霉素	■	■	■	■	■	■	□	□	□	□	□	□	□	□	□	□	□	□	□	□	□
	利福平	■	■	■	■	■	■	■	■	■	■	■	■	■	□	■	□	□	■	□	□	■
	ST合剂	■	■	■	■	■	■	■	■	■	■	■	■	■	■	□	□	□	□	□	□	□

■ 感受性 ▨ 对不同菌株的敏感性 □ 耐药性

通过绘画学习的文件列表

本书，用漫画和图的形式把想让读者掌握的重点整理成了77个文件，为了加深印象，请灵活运用。

第 1 章 | 微生物学总论

第 2 章 | 细菌学总论

第 3 章 | 细菌遗传学

第 4 章 | 感染论

第 5 章 | 细菌学理论